了不起的湖南人

徐志频 著

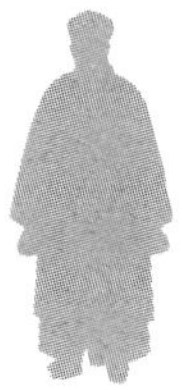

中国工人出版社

图书在版编目（CIP）数据

了不起的湖南人 / 徐志频著. —北京：中国工人出版社，2021.2
ISBN 978-7-5008-7492-8

Ⅰ. ①了… Ⅱ. ①徐… Ⅲ. ①性格特征—研究—湖南 Ⅳ. ①B848.6

中国版本图书馆CIP数据核字（2021）第042245号

了不起的湖南人

出 版 人 王娇萍
责任编辑 葛忠雨
责任印制 黄 丽
出版发行 中国工人出版社
地　　址 北京市东城区鼓楼外大街45号　　邮编：100120
网　　址 http：//www.wp-china.com
电　　话 （010）62005043（总编室）（010）62005039（印制管理中心）
（010）62379038（社科文艺分社）
发行热线 （010）62005996　82029051
经　　销 各地书店
印　　刷 三河市东方印刷有限公司
开　　本 710毫米×1000毫米　1/16
印　　张 16
字　　数 225千字
版　　次 2021年5月第1版　　2021年5月第1次印刷
定　　价 58.00元

CONTENTS 目录

第三章 城市脸谱——109

收卷语——209

后　记——241

卷首语

给湖南取个别名叫“丘陵省”

从俯瞰到地行，发现丘陵之上的真实湖南

摆开一幅中国地图，你可以发现：湖南省界勾勒出的正是中国雄鸡腹心中器宇轩昂的侧面人头像；如果实地腾空到湘中数万米的高空去俯瞰，你大约又会看到，湖南地形似山环水聚、高山托盆地的马蹄形状。

长假到来，若搭乘高铁从长沙南站出发前往云南昆明，沿路迅疾的观感，将是平缓的山包丘陵逐渐攀升，在穿越几条隧道后，又鬼斧神工般过渡成贵州、云南地势趋冷的高原。如果从长沙自驾出发，取道岳阳前往武汉，沿路你会惊异地发现，不仅树木像魔术戏法由钱叶大小的香樟，不经意间换成盖过手掌的杨、桦阔叶，隆起的丘陵也渐次消隐，直到你发现自己已置身四面空阔、无所定目的平原。

处于云贵高原向江汉平原过渡的位置，湖南省命名最初因江湖分割，而不是山野分界。烟波浩瀚的洞庭湖，成了湖南、湖北两省的天然分界线。宋朝之前，湖南北面的中原地区是中国政治、经济、文化的中心，湖南古属楚国，山林开发虽早，融入中原较晚。唐朝才在湖南首设观察使，主要管理岳阳、长沙、衡阳一带，而该省中西部近半市、县居民仍含哺鼓腹，优哉自然，迟至宋朝才正式纳入王朝管辖版图，归服王化。至于湖南从湖广行省中独立出来单独成省，已是迟至清朝雍正元年（1723）的事了。

与北方诸如陕西、山西、山东、河南等年岁过两千的“老省”相比，湖南省无疑是中国年轻的“新省”。湖南作为一省如今家喻户晓令全国侧目，因为清朝咸丰、同治两朝起，湖南全省人才骤然崛起。这是近两

百年才发生的事。

今天的中国人，没有几人不能顺口数出几位甚至几十位湖南历史伟人。“中兴将相，什九湖湘”，湖南地以人名，省名倒成了衬托。但地理终究是文脉之根，人物如土地上的鲜花、硕果，随季而兴，过季陨落，代不见衰。

令湖南人略感尴尬的是，地理视角下的湖南地物，外省人往往见一鳞半爪，整体感多有陌生。这直接造成一定普遍性的误读，甚至包括祖辈世代生活于其间的居民。

我本人便是这样。我的出生地在湖南省祁东县，属湘中南部，接邻邵东县。在这里，我度过了童年与少年时光。童年的记忆中，天蒙蒙亮时，常要翻进一座叫白米山的半山腰里砍柴。20世纪80年代，乡村没有钟表，太阳就是时钟。当晨光爬过山峰，穿过林叶，刺透晨霭，柔和地照到身上，便到上午八九点钟，就是捆柴回家吃早饭的时间。

江苏籍学者、钱钟书之父钱基博在《近百年湖南学风》中的导言对湖南的地理特征有过经典描述：“湖南之为省，北阻大江，南薄五岭，西接黔蜀，群苗所萃，盖四塞之国。其地水少而山多，重山叠岭，滩河峻激，而舟车不易为交通。”

湖南有句民谚，也对湖南作过相似的概括：“七山二水一分田。”

事实上，无论学者描述，还是民谚观感，都只在宏观意义上对湖南地理做出笼统描画，缺乏细致的体察跟局部勾勒。如果你有意愿深入湖南的山川腹地，用双脚去丈量，用双眼去打量，走完一圈后可以发现，五千年来湖南人世代开凿、繁衍生息的土地，基本集中在丘陵之上，而不是重山叠岭的高山林区。

这并不奇怪，因为生活其间，观感也会因时变化。正如我成年后的某天突然发现，童年时眼中巍峨难翻的白米山，远没有出省旅行时见过的山高。它不过是一座不超过四百米的丘陵隆突，称不上是真正意义上的山。

湖南地理，八百里洞庭、七十二峰南岳。交融一体的湖南山水，与我的家乡不无类似之处，居民对房前屋后“山”的命名，往往是一个假借。

比方说，岳麓山作为南岳第七十二峰，海拔三百多米；韶峰是南岳第七十一峰，海拔四百多米。这两座闻名世界的“山”，同属地理学眼中的丘陵。

因为，丘陵与山有高度标尺里的明确区分：海拔五百米以上属山林，海拔五百米以下属丘陵。

行走在湘中邵阳丘陵、高山、平原、盆地交错的地段时，湖南地质专家童潜明教授为我们发来一组数据：“长沙、湘潭、株洲、娄底、衡阳、岳阳、益阳七个地市，基本为丘陵地区，偶有低山；邵阳、永州、常德，丘陵为主，次有低山；郴州、怀化，丘陵与低、中山差不多；湘西、张家界，中山为主，少有丘陵。”

童教授提供了两个重要的结论，作为我们实地印证的参考依据：一、按面积，湖南以丘陵为主；二、按人口密度，湖南丘陵区大于山区，人口生活区以低、中山为主。

我们驾车近三千公里，所见与结论相合。

可见，不但钱基博描述湖南“水少而山多”跟事实存在出入，湖南本土流传深广的“七山二水一分田”的说法，也经不起实地考察。

以前总结为什么失准？推想起来，率因古代科技、交通落后，牛耕犁种，交通靠水，居民困阻于绵延的丘陵之中，实在跟隔绝于高山深林无甚差别。湖南先民扎根丘陵垦荒，没有五百年世代积累，难以繁衍壮族，而要想实现“愚公移山”，哪怕将三百米的丘陵改造成良田沃土，大致也需要数十代人上千年不停息的接力。这跟今天工业文明时代里凭借四十年的努力便超越五千年的辛勤积累，已经完全不可同日而语。

俗话说，一方水土养一方人。以前学界曾流行过“地理决定论”。我们发现，地理曾深刻地影响到湖南人。作为有着近八千年稻作史跟城市史的湖南，在创造农耕文明、塑造城市文明的过程中，当地居民的生产、生活跟地区的经济发展，在起点跟路径上早已经被地理决定。

经实地考察，印证的结论是：一代一代湖南子民立足于丘陵之上，筚路蓝缕，自强不息，在这块个性特立的土地上，用汗水与热血书写了迥异于平原居民跟高原山民的别样华章。

洪江古商城：丘陵上曾怒放过六百年的“商业繁花”

洪江古商城地处湘西雪峰山边陲，属典型的湘西丘陵。

洪江地势受雪峰山脉影响，东南高、西北低，山地夹丘陵，与河谷、平原相连，海拔在三百米至四百米。

洪江能孕育出古代湖南代表性的商业环境，主要得益于三点：

一、自唐代起，中国农耕文明自发生长出商业交易市场；

二、湖南本土有丰富的木材、茶叶资源，怀化境内盛产桐油；

三、怀化水路西通云南、贵州、广西、四川四省区，北接湖北，船出洞庭湖后，可由长江畅达东南诸省，古商城恰好处在巫水与沅水交汇之地。

唐朝时，长安城实行坊市分离，即居民区与集贸市场分开。洪江受首都商业影响，开始形成“草市”，即货物集散形成集市。宋朝实行“坊市合一”，商业区与居民区交错夹杂，在这种商业大气候里，洪江被当地政府指定为“铺”，即经商的街市。

进入明朝后，有农耕传统的中国开始异于往代，出现了以晋商为标志的商人群体。出现的原因，在于朝廷驻军八十万于西北边疆，军需物资供应成为要务。朝廷难以通过行政命令解决，便采取发动民间支持的方式，并允诺回报商人以盐票，此举名曰“开中法”。拿到盐票的山西商人，通过合法贩盐而迅速发迹，成为中国古代第一个整体崛起的地域商人群体。

但商人手执公家盐票，后果是会逐渐导致私盐泛滥。明朝中期，为杜弊端，朝廷改赠盐票为白银，此举名为“折色法”。这一政策性调整，又直接促进安徽商人作为一个群体全面崛起。

在晋商、徽商相继崛起的时代氛围里，湖南的洪江古商城迎来了蓬勃壮大的机遇。

有明一朝，洪江已经初步形成初具规模的物资交易市场。山西、安徽、浙江、福建等十余省生意人纷至沓来，在这里开店设号，设下会馆。到清朝末年，这里已经形成以镖局、钱庄、商号、洋行、作坊、店铺、客栈、青楼、报社、窨子屋为主的功能齐备的近代商业区。经六百余年的开发建设与辛勤经营，此地楼栋达380多座，总面积近30万平方米。洪江古商城由此成为中国名副其实的“西南大都会”，时人誉为“湘西明珠”。

洪江这种依托“丘陵资源”加“水路交通”而创造出来的商业奇迹，在湖南本土成为商史传奇。2009年，湖南民间商会组织联合官方，在这里发起十万人见证的“湘商寻祖”活动，笔者是一起参与见证的发起人。

湖南历史上曾有过“金湘潭”“银益阳”一说，但洪江凭完善的商城遗迹，成为湖南商人的祖源之地。

洪江古商城对政府在经济上的一次大力支持，发生在咸丰五年（1855）。这年，湖南巡抚骆秉章与幕僚左宗棠在洪江设立厘金局，通过向过往商人收取厘金税来支持政府军饷。短短两年之内，左宗棠通过募集税收方式，共支持在江西前线作战的曾国藩 295 万两白银。这在当时无疑是一笔惊人的巨款。须知，清朝财政最为艰难时期，举国年入仅 600 万两白银。今天来洪江，仍能见到厘金局的完好遗迹。

晚清洪江商业之繁盛，由此略见一斑。

至于洪江古商城渐次衰落，是在民国后期。衰落的一大原因，固然在于日军入侵，导致湖南交通困阻，大量商人躲避战乱。但最根本的原因，还在于湘黔、枝柳铁路相继开通，沅江跟巫水连通四海的水运优势逐渐丧失。毕竟，现代工业需要现代商业运输配套，已经习惯了农耕文明的风帆水手，再无力划动现代商业的这艘巨轮。

在高山深林怀抱中，因丘陵地理优势而怒放六百年的洪江古商城，如今像一座凝固的商业文化博物馆。它对湖南乃至中国的贡献，更多已是文物价值与旅观意义。

新化文印：古梅山人新时代里在丘陵之上旧貌换新颜

移步换景，来到新化。

跟处在湘西丘陵的洪江古商城不同，娄底市新化县基本属于湘西丘陵跟湘中丘陵的接合地带。

从新化高铁站出来，第一眼见到的，是巨型蚩尤塑像。

在多数中国人的印象里，蚩尤只是传说。毕竟中学教材中黄帝大战蚩尤的神话，令人记忆犹新。

踏上新化土地，蚩尤便从课本里走出来，由传说化为生活在这片土地上的鲜活的生命体。

在《山河之书》一书中，余秋雨先生写有一篇《蚩尤的后代》。文章开头写道："中国哪里美女最多？我没有认真做过比较。但是，那次去贵州省雷江县的西江苗寨，实在被一种拥挤的美丽镇住了。"

余先生见到的西江苗寨美女，确定是从湖南新化迁移过去的。司马迁在《史记》中明确记载，蚩尤大战黄帝失败后，逃进了大熊山深山丛林，从此隔绝外世，繁衍生息。这些子民后来被称为三苗、九黎，是湖南土地上最早的一批原住民，亦被后世供奉为湖南先祖。

这批湖南先民，开创了湖南本土最早的地域文化，后世称之为梅山文化。

历五千年繁衍，梅山文化现今影响区域广大，包括湖南省邵阳、娄底、隆回、洞口、绥宁、涟源、冷水江、新化、安化、桃江、益阳、宁乡、常德、溆浦、沅陵等地。

作为蚩尤故里，新化属山丘盆地，其西部、北部，雪峰山主脉耸峙；东部低山则深丘连绵；南部被天龙山、桐凤山环绕；中部为资水及其支流河谷，有江河平原、溪谷平原、溶蚀平原，大多在海拔 300 米以下，丘陵特色同样明显。

牛耕犁种的古代，适合聚族开垦。这些生活在丘陵之上的蚩尤后代，用辛勤才智创造了当地一大人文景观——世界灌溉工程遗产紫鹊界梯田。自然景观亦有大熊山森林公园。

以丘陵为核心根据地，古梅山人对地理开发做出因地制宜的发挥，他们按地理形貌、生活习性，将梅山分作三部分：上峒梅山、中峒梅山、下峒梅山。

上峒梅山挽弩相杈（山地打猎）、中峒梅山放牛赶鸭（丘陵耕牧）、下峒梅山打鱼摸虾（水乡渔业）。即在梅山文化里，渔猎文化与农耕文化并行。

放进全球视野里观照，世界三大文化里，西方的工商业文化在近四百年里大放异彩；中国西北的游牧文化在宋元时期曾盛极一时；而要以中国的农耕文化绵延最久，长盛不衰。如此看来，新化予湖南人的重大价值，在于它从源头上确定了湖南民风、民俗的根性。湖南人在经过两千多年的力量积聚，到晚清时期人才全面崛起，振兴衰世，此为一因。

蚩尤遗传的原始野性与三苗先民的自然人性，通过新化当地一位叫张五郎的偶像传延至今。这是一个颠覆人们思维惯性的偶像，人物倒立，似将翻跟头，如孙悟空。

传古继今，人地沧桑。

新化今天广为人知的一个小镇，是洋溪镇，新化五中便建在这里。电视剧《恰同学少年》中那位端着烟斗、留着大胡子，教毛泽东学韩愈写从容、含蓄古文的袁吉六，老家正在此镇。

洋溪镇人如今因为文印店，闯遍全国。新化文印起步于 20 世纪 80 年代初。据说，最初，一名以修钢笔为业的小伙子偶然发现并闯入此行，发现商机之后，他开始带出一群同镇同乡，流动维修机械打字机。随着利润日丰，行业前景越明，他们开始涉足打字复印、二手复印机维修与销售、耗材生产、数码印刷、档案数字化、文创产品开发等。

30多年来，他们从业人数达到30多万，全产业链商家近8万家。如今，6万多家新化文印店遍布全国各地，中国百分之八十的文印终端市场，由洋溪镇人掌握。外省人称这一奇迹为“新化现象”。

这便是五千年新化丘陵人通变的奇迹。洋溪镇坐落在新化高铁站旁，土地平旷，绵延数公里，是理想的丘陵人居地带。因为此地地理优越，如今，发财回乡的洋溪人都选择在此地建房，每栋少则三四层一二十间，多则六七层七八十间。据新化五中一名地理教师告诉我们，这里的屋栋已经近万，初具小城市的规模。

从洋溪镇赶往邵阳市，一路所见丘陵人的生产、生活，又变成另一种丰富的样貌。

丰富邵阳：丘陵有几变，邵阳有几面

邵阳市位于江南丘陵向云贵高原的过渡地带，西部雪峰山脉系云贵高原的东缘，东、中部为衡邵丘陵盆地的西部。地形包括山地、丘陵、岗地、平原四种。其中，山地和丘陵占三分之二，人居则仍以丘陵、山地为主，因此旧有“七分山地两分田，一分水、路和庄园”一说。

先去新邵县，不只是因为该县寸石镇武桥村是湖南地理的几何中心，更因为岗地人居以该县太芝庙镇雅居坑古建筑群一带较为典型。

雅居坑古建筑群地理方位处龙山南麓，海拔670米，生活超出了丘陵界限，也跳出了湖南人以丘陵聚族而居的惯性。

为什么房主陈鹿林要半山而居？原来，龙山锑金矿正在此地。依靠炼锑，附带炼金，陈鹿林兄弟赚得盆满钵满，富甲一方。钱库充盈后，兄弟几人商量在此建三个四合院，以组成一个院落群。从清朝道光年间（1821—1850）到光绪年间（1875—1898），历时半个多世纪，他们在山岗上硬是霸蛮地建成总建筑面积达3200平方米、住房近100间的古民居。

如果说，陈鹿林兄弟凭借勇猛强悍、不畏艰险的性格，为岗地人在山蛮水野的恶劣环境里拓展了生存空间，荫家堂的申哲（字承述）则凭借他的精明与敏锐，在另一种恶劣的生存环境里演绎了自强不息的故事。

申哲所建的荫家堂坐落在邵阳市邵东县杨桥乡清水村。此地虽随处可见舒缓丘陵，但却不幸处在“衡邵干旱走廊”之中。

“衡邵干旱走廊”是湘中盆地群里两个最大盆地（衡阳盆地和邵阳盆地）的连接带，指从衡阳东部的四方山沿衡阳县西北方向，到达邵东县的狭长形盆地通道。造成干旱的原因，在于盆地东部的四方山和大云山，中部的衡山，西部的九峰山山脉较高，每年从东南沿海刮来的湿润季风气流很难越过山脉进入盆地，造成区域内雨水较少。而能越过山脉进入盆地的湿润气流，必为强气流，多造成地势低洼的盆地短期内大量降雨，雨水聚集而形成内涝。

在靠天吃饭的古代，邵东县十年九旱，在这片丘陵土壤之上，勤劳也无法致富。申哲便变通思路，依靠蒸水河的便利，在湘中一带贩卖米。清朝嘉庆、道光年间，国力衰退，饥民众多，需米量大。利用米生意赚得的银子，兄弟五人在清水村建成一个庞大的村落。其中住房108间、杂物房60间，占地面积达8081平方米。讲解员说，房屋数量已经超过山西著名的乔家大院。

大约因为农民出身，社会地位卑下，加之祖辈缺乏文化家传，荫家堂内门柱众多，却无一处题有门联。这在视文化为命脉的湖南，完全不可想象，也是我迄今所见到的孤例。丘陵人在道咸衰世演绎了绝地崛起的依商生存传奇，却没有将商业财富顺理成章转化成文化，不能不说是一大遗憾。

自然环境虽然恶劣，却始终不能让邵东人屈服。同样可证的是，该县廉桥镇中药材专业市场现有中药材经营户 1000 多家，2019 年市场成交额超 75 亿元，成交量排名全国第四。

如果说，陈鹿林将邵阳人勇猛强悍、不畏艰险的一面演绎得元气淋漓，申哲将邵阳人精明与敏锐的一面发挥得生龙活虎，接下来我们看到的王政海，则将邵阳人“文能提笔安天下，武能上马定乾坤”的一面展现得从容有致、雍容华丽。

邵阳武冈市处雪峰山东麓，南岭北缘，地势东、西、南三面环山，中部低平，地理属理想的丘陵人居地带。

明朝永乐年间，朱元璋第十八子朱楩迁武冈封王，王政海先祖担任朱楩的侍卫大臣。明朝中期，王政海相中此地，迁居于此。明朝灭亡后，其子孙隐姓埋名，在浪石村族居，开发周边地区。

王家后人在清朝极盛之时，据说在周边县内曾买下 4 万多亩田地。富足的财力，让他们有足够的能力来建筑房屋，培养举人、进士，热心公益与文化事业。

浪石古民居群便在这段时期陆续建成。今天来到这里，依然可以看到明清至民国初年的建筑 88 幢，分为大院子、上房头、二房头三片区，

总占地面积 24980 平方米，建筑面积达 18880 平方米，

与别处比较，浪石古民居建筑最具特色之处，在于每个角门的石楹柱上都刻有楹联。仍保存完好的石刻楹联有 41 副，其中有七副出自清代大书法家何绍基手笔。因为文脉深厚，该村如今被称作“中国古楹联第一村”。

随便行走几处，已经初见丘陵的多样，这也造就了邵阳人生产、生活的立体多面。它让当地文化变得完善、丰富。在邵阳市古城墙多处码头，今天依然可以看到“毛板船”的码头遗迹。邵阳商人近几十年来被称作“中国的犹太人”，多样的丘陵造就的丰富地域文化，今天依然是他们闯荡天下的资本。

离开湘中邵阳丘陵人居，我们继续东行，穿越资水进入湘江流域，醴陵市在我们面前又绽放出丘陵之上的别样风情。

“中国瓷都”醴陵：凭丘陵优势，用泥土为“地球村”增色添亮

醴陵市位于湖南东部罗霄山脉北段西沿，湘江支流渌水贯穿全市，属湘东丘陵腹地。此地虽仍以山地、丘陵和岗地为主，但平原已经占到六分之一。

这种丘陵加平原式的尤其适宜古代人居开发的地貌，让醴陵的人类活动足迹很早，遗迹较多。全市已发现古遗址 25 处，古窑址 17 处，古墓葬 66 处，古建筑 77 处。

跟洪江古商城依靠本土木材、茶叶、桐油资源起步相似，醴陵的陶瓷独步天下，起步跟发展阶段，同样主要依赖本地陶瓷泥源。

醴陵瓷泥按照矿藏成因分为四种类型：一、由石英斑岩风化而成；二、由花岗岩或花岗斑岩风化而成；三、由伟晶岩风化而成；四、由变质岩或混合岩风化而成。

醴陵市瓷泥资源到底有多丰厚？单是东北两乡，由石英斑岩风化的瓷石和瓷土矿脉便达 20 余条。

醴陵陶瓷历史悠久。早在东汉，醴陵陶瓷便开始生产，到宋元开始普及化生产，至清末达到全省。

至于醴陵陶瓷飞跃发展，已到近代。主要因为一个有着“傻干精神”的人。光绪三十一年（1905），朝廷官员熊希龄（后任民国总理）会同醴陵籍举人文俊铎，在醴陵立学堂、设公司、建官窑。熊希龄曾负责晚清官员西方考察政体，有着丰富的海外经历，经过他从海外技术借鉴引进，醴陵人于 1908 年创造发明了举世闻名的釉下五彩瓷。1915 年，熊希龄带着醴陵釉下五彩瓷（扁豆双禽瓶），在美国旧金山巴拿马太平洋万国博览会参评，一举获得金奖，醴陵陶瓷从此名声大噪。

釉下五彩瓷经熊希龄之手成为醴陵的名片之后，醴陵人陈扬龙（1941—2013）接力继承创新。他毕生从事釉下彩研究绘制 50 多年，用精雕细刻的笔法，在传统单线平填技法的基础上创新出“薄施淡染”的技法。因技艺精湛，被评定为非物质文化遗产项目代表性传承人。陈扬龙故去后，女儿陈利、儿媳申彬接班，在“薄施淡染”上继续刻苦传承，潜心研究。

醴陵工业陶瓷领域的继承与拓展，阳东电瓷的发展有一定的代表性。

全球化的痕迹开始在这里变得明显。随着交通物流业全球贯通，该厂的瓷泥原料部分直接从英国、日本购买而来。工业化跟“地球村”的背景里，传统“靠山吃山、靠水吃水”的资源型优势已经被他们的观念颠覆，技艺跟品牌开始成为醴陵工业陶瓷生存跟发展的核心竞争力。关于这点，前面述及的洪江、新化、邵阳等地，事实上大多也存在一定的相似之处，这是丘陵人三千年来所未遇过的新机遇。

醴陵陶瓷业整体面貌如何？如今，它们已形成日用瓷、电瓷、工艺瓷、工业陶瓷四大门类，新型陶瓷五大系列 4000 多个品种。电瓷产量占到全球的三分之一，日用瓷产量则占据全球的十分之一。

因为醴陵别于湘西、湘中地理，它们占据丘陵加平原的地理优势，在农耕文明时代，居民的生产、生活便走到前面，人们可以从繁重的劳动束缚中解脱出来，有相对优裕的时间办学、讲学，因此，这里有创立时间仅晚于衡阳石鼓书院、长沙岳麓书院的渌江书院。

关于渌江书院几个标志性的时间节点，概述如下：宋乾道三年（1167），朱熹从福建到潭州访张栻，经醴陵归崇安，在渌江书院前学宫讲学；乾隆十九年（1754），醴陵知县杨鸾续修渌江书院；道光十七年（1837），左宗棠出任渌江书院山长，依朱子小学定学规八则。

书院是丘陵人的特产，中国四大书院，湖南独占两座。这为改变丘陵人的面貌，提供了最长久的助力，因为一切产品的高下竞争，最终都可归因于文化的竞争。可以预见，有渌江书院背书，醴陵陶瓷业在将来可以积淀得更为深厚。

离开醴陵自驾至浏阳，从看瓷器到赏烟花、听爆竹，又别是一番趣味。

与醴陵的丘陵、平原人用典丽厚重的工匠精神凭借陶瓷惊艳世界一样，生活在浏阳山区的丘陵人，以巧夺天工的创新求变精神，用一朵朵烟花爆竹，已经为本土打造了一张张发给天涯海角的人们的名片。

“中国花炮之乡”浏阳：世界已经很精彩，丘陵让它更出彩

我们惊异地发现，制造花炮源头的灵感，居然来自燃烧爆竹发出的爆裂声。这跟牛顿被苹果砸中脑袋，瓦特在厨房发现锅盖被气压掀开时得到启示类似。

浏阳市处湘赣接壤，罗霄山脉余韵悠悠，让这里山林间杂丘陵。对远古先民而言，丛林悠远，薄雾浓云，这里充满了魅惑之气，他们时生恐惧，想到用爆竹声来驱赶邪气。

随着中国的炼丹师无意间发明了火药，唐朝时期，生活在浏阳大瑶镇一带的李畋借助火药发明了鞭炮，以代替燃烧爆竹。此后，民间除了用它来驱魈，又增加了祭祀、祈福的功能。再后来，逐渐演化为娱乐、助喜添庆用品；如今，在鞭炮品种单一的基础上，灵感得到启示的浏阳人已经演化出数万种花色各异的浏阳花炮，它再度升级为视听享受产品，跟电影的功能已经有了某些相似。

“年有烟花方尽兴，节无礼炮不成欢。”经过千余年的传承积淀，浏阳花炮已经积淀为一种传统习俗和文化精神，根植在中国人的文化理念之中。

如果说，闭塞的山间丘陵环境是浏阳花炮产生的渊薮，丘陵与山林间产生的土地“有限分割”，则将鞭炮生产的安全系数提到最高，为今天浏阳花炮成为“世界工厂”提供了天造地设般的绝佳生产环境。

浏阳的花炮产业集群效应到底有多大？数据最能说明问题：2019年浏阳花炮集群总产值241.1亿元，其中出口销售额34.8亿元，国内销售额150.4亿元，原辅材料及相关产业实现55.9亿元。浏阳花炮出口总额占全国总量的60%，出口产品主要销往美洲、欧洲、东南亚等100多个国家和地区，其中美国市场约占30%，欧洲市场约占35%；内销总额占全国总量的50%，内销遍及全国各个省、市和自治区。

从实力创新与创新求变的角度，我们此行重点考察了两家颇具代表性的企业。

浏阳花炮生产领域的蓬勃长势，庆泰花炮集团公司可以让我们窥斑见豹：公司总占地面积5500平方米，烟花制造板块现有5个生产工区（平桥工区、上黄工区、石霜工区、忆江南工区、飞鹰礼炮制造公司），公司有员工2000多人，专业技术管理人员200多人，年产能达4亿元，累计上缴国家税收1亿多元。其中，忆江南工区是迄今为止全国生产规模最大、厂房布局最标准、机械化程度最高、管理最先进的现代化工厂。

在燃放技术方面，浏阳东信公司是浏阳花炮行业的“领头羊”。该公司具有A级大型焰火燃放资质，先后取得过北京奥运会、残奥会开闭幕式、APEC上海峰会、世界《财富》论坛、美国PGI会议、重庆亚太城市市长峰会、加拿大魁北克焰火表演、上海合作组织六国峰会等500余场国内外大型活动的焰火供应权和燃放权。

浏阳花炮行业协会这样为我们描述浏阳全貌：全市现有烟花爆竹生产企业549家，其中备案登记的出口烟花爆竹生产企业数为198家。另有烟花爆竹经营公司466家（其中出口经营公司182家），危货运输企业12家，烟花爆竹出口物流仓储基地3个，危险化学品原辅材料生产经营单位153家，烟花爆竹包装、印刷等相关企业300余家，烟花爆竹机械生产企业120余家，甲乙丙三级燃放企业共92家。

在考察期间，我们得知这样一个颇具创新性的消息：为了引领中国花炮行业全面走向科技化，浏阳市政府部门定期举办花炮产业人才培训班，已经举办了三届“花炮技艺匠人”评选活动。目前全市拥有工艺美术系列烟花爆竹专业技术职称人员4000余人。

对比古今，感慨系之。在交通被高山、丘陵阻隔的年代，浏阳一度跌落为湖南的贫困县。随着浏阳蕉溪岭隧道开通，当地的发展开始加速。现代高速将浏阳与世界连通，花炮产业助力强劲托底，一举将浏阳带进了全国10强县。如今，浏阳花炮产值虽仍在持续增长，但对全市的经济贡献不到百分之十，以蓝思科技入驻为代表的现代高科技园区，接力引领浏阳工业飞速前进。

短短20多年，浏阳全市天地翻新。我十年前去过的大瑶镇，当年还是一片荒地，如今高楼林立，俨然城市规模。回忆一路行程，浏阳丘陵人生产、生活成功的现代化转型，可以看作整个湖南的一个缩影。在交通落后的时代，丘陵确实不具备平原地区发展的优势，但现代化的高铁、高速公路将丘陵间的阻隔打通之后，丘陵人开始焕发出一种蓬勃怒放的活力，这是一种无论高原还是平原都少见的活力。何况，湖南全省丘陵山清水秀的自然环境，多数时候是现代城市人理想的人居梦想。

21万平方公里的湖南，我们很难用不到一万字的内容，便描述完它的丘陵人生产、生活的全貌。但古话说，尝一脔肉而知一镬之味、一鼎之调。如果不以古老的洞庭湖为地理坐标命名，而根据湖南人居普遍的地势坐标跟与他们生产、生活息息相关的地形风貌，我们完全有理由给湖南取个更接近地理事实的别名，不妨就叫它“丘陵省”。

第一章

湖南精神

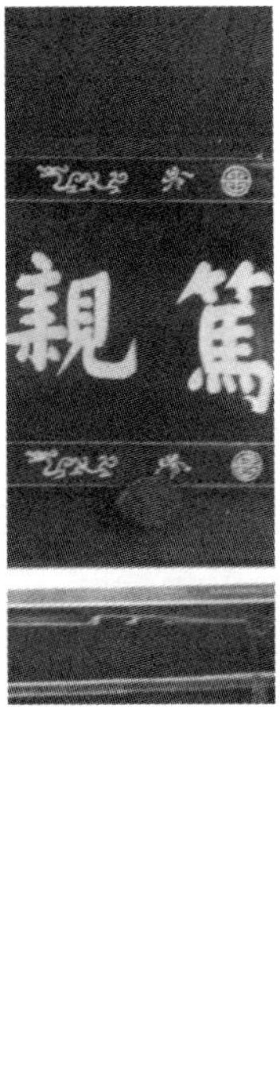

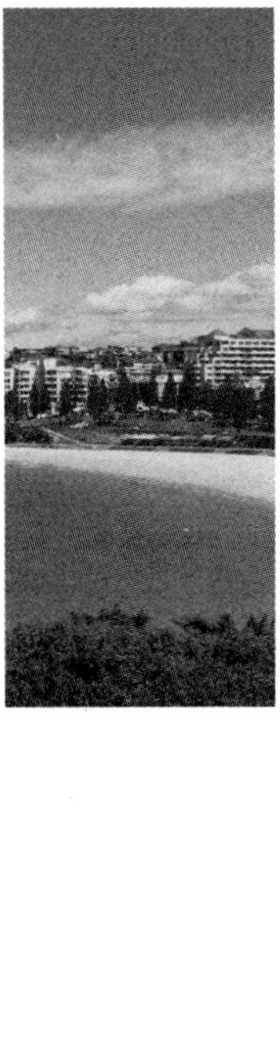

站在民间看“湖南精神”

精神是一种气质，文化是一种方式。

湖南精神与湖湘文化，互为表里。湖湘文化，已有定论，不外“经世致用、心忧天下、敢为人先、实事求是、兼收并蓄”。

湖南精神呢?

到今天为止，还没有人来完整地概括或者定义它。1921 年，安徽人陈独秀深情呼喊：“欢迎湖南人底精神！”他做了一个应时的判断：“湖南人底精神是什么？若道中华国果亡，除非湖南人尽死。”借杨度之言，他归纳提炼成“奋斗精神”。历数王船山、曾国藩、罗泽南、黄克强、蔡松坡佐证。

陈独秀呼唤：“我们欢迎湖南人底精神，是欢迎他们的奋斗精神，欢迎他们奋斗造桥的精神，欢迎他们造的桥比王船山、曾国藩、罗泽南、黄克强、蔡松坡所造的还要雄大精美得多。”话音还没飘出书房，他身边就站出来毛泽东。毛泽东如陈独秀所盼，又造出了比湖南前人雄大得多的桥。

今天我们再追寻前人、追问历史，湖南精神真正就是陈独秀当年环顾中国急寻而不可得的稀缺的“奋斗精神”吗？

多数湖南人对此难以完全认同。原因在于，中华民族、中国文化、中国种族，多数时候并不处在“保国、保教、保种”的情况，乱世、战时特定状态下的概括，容易以偏概全。而且，在王船山之前，湖南人的精神气概，已延续五千年。在或战或和的漫长岁月，湖南土地、湖南人血管里，激荡着一种怎样的精神？我们随手举出蚩尤、屈原、贾谊、柳宗元、周敦颐、范仲淹、王船山，则不似一种“奋斗”，或者说，独一个“奋斗精神”，不能概括。

文化是一种理性，精神则偏向感性。湖南人自己去追索，更能切近事实，接近味道。每一个湖南人可以从自己出发，推己及人，推人及史，仰望星空，俯瞰内心。当一种精神过于丰富、庞杂，现实与史实，永远比已知的要精彩。所以，身为湖南人，也只是“我所知道的‘湖南精神’”。

站在民间立场，以草野视角，我所知道的“湖南精神”，也就十二个字：湘人忧天，倔强勇猛，自由洒脱。

湘人忧天

“忧”是一种情绪，既有忧患，亦含悲愤。在失败、挫折感中，它有一种看得见的忧伤。

湖南古时属于楚地。楚包括湖南、湖北、安徽、江苏、四川、贵州等地，泛指今天中国的中西部主要地区。湖南土地从中部昂然挺出，因一条湘江。在一江春水向东流的自然安排中，湘江偏偏北去，于是与这块土地同时昂然挺出的湖南人，特称湘人。

第一个流传下来的伟大湘人，叫蚩尤。蚩尤早年欲平定中原，毅然冒险北伐，跟黄帝作战。黄帝利用指南车，陷蚩尤于迷雾中。蚩尤大败，逃到今湘中梅山，作为九黎王，繁衍后代，成为湖南土著三苗的祖先。

蚩尤部落山人尚武、好斗，失败者巨大的悲情，给湖南土地以传染，包括他冒险、草莽的性格，在后来的历代楚王，尤其是问鼎周王的楚庄王以及反秦的楚霸王项羽身上，体现得淋漓尽致。

部落原始率真时代，蚩尤第一次“战天”。后来有所谓“周虽旧制，其命维新”，蚩尤“战天”可以看作有史记载之前的“变革天命”，或者说“创新天命”。变革或创新失败，其心忧伤悲怆，此举定下了司马迁在《史记》中所描述的楚人气质基调：“其俗剽轻，易发怒。”

蚩尤“战天”失败，数千年后，与梅山相隔遥远的汨罗江畔另一位楚人，在洞庭湖浸润着的湖南，用一种完全不同于蚩尤“战天”的豪情斗志，以一种完全有异于山地人霸蛮、尚武的方式，播下了水边人浪漫、高远的情怀。他叫屈原。

蚩尤“战天”，屈原“问天”。一战一问，共同的情绪是忧。前者是失败者的悲情忧绪，后者是流放者的悲愤忧思。

当年，行副宰相职权的楚国左徒屈原被解权流放到湖南，“朝发枉渚兮，夕宿辰阳”，内心似火又如灰，极度矛盾郁结。神奇的是，放眼三湘，跋涉四水，孤独心境，自由思想，他居然跳脱一国命运之悲，开始神交宇宙，写下《天问》，作为《楚辞》中的一篇。

《天问》373 句，共提 173 问。屈原开篇即问："曰遂古之初，谁传道之？"

屈原自然是中国第一个站出来向天发问的诗人、学者。楚国首都在湖北郢，他为什么到了湖南才"忧天""问天"？

因为湖南是一块自然引发人敢来"问天"的土地。

漫长的古代里，湖南作为蛮夷之地，历来用来流放官员，每流放一个，就给湖南带来莫大的文化滋润，他们又多是中国一等一的旷世奇才。其中就有贾谊、柳宗元、元结、王昌龄等文化大家。

回望湖南，此地三面环山，一面围水，因人集中居于丘陵、盆地、平原，因此山不太高，而水则必阔。人进入湖南，因为丘陵的有限分割，空间相对独立。好处是一则清净，断绝尘扰，二则在秀水青山中时刻可以找到自己，感觉到自我。

感觉到自我存在的屈原，独立无依中抬头望天，心中如此问道。他这一问，开创了湖南文人"追问自然天道、探求宇宙真理"的传统。

览遍历史，两千年来，在"要将宇宙看稊米"的浪漫、高远胸怀中，无论是岳麓书院"惟楚有材"的骄傲，还是湖南大学"传道济民"的谦卑，都事实上从那一刻生发出来了。

再去细看，屈原问天，追问自然天道、探求宇宙真理，也开创了两个源头：作为哲学家，开拓了湖南文人学者在求真理时的格局、气象；作为政治家，树立了湖南人以天下为实业、为己任的标榜。

屈原在《天问》只关注五个方面：天、地、自然、社会、历史。两千年后，青年毛泽东也只关注五个方面：中国、世界、宇宙、社会、人性。

毛泽东当时不大可能看过《天问》，很大程度上出于一种地理气质的自觉。这种直逼宇宙本原的宏大气象，决定了湖南人视野辽阔、胸怀博大、人格高岸。

自屈原在离国的忧伤情绪中“问天”，后历代大家，无人敢贸然对答。再历千年，唐代落魄文人柳宗元被流放到湖南永州。

柳宗元落地湖南，顿时来了灵感，也仿佛有了底气，他自信地斗胆写过一篇《天对》，对困惑屈原的173问，逐一回答。

唯物主义思想家柳宗元的回答对错、好坏，暂且不说。我们关心的是，柳宗元为何一到湖南，就想着来“对天”？

可以说，“追问自然天道、探求宇宙真理”，柳宗元从中悟出高远的哲学洞见，并用来解决现实的政治问题。作为“唐宋八大家”之一，柳宗元是唯一直接参与了中唐“永贞革新”和“古文运动”两大行动的中坚人物。

屈原问天，是哲学思索，属“无用之学”。柳宗元对天，是“实用主义”，借天道解人道。两人相隔千年，来了一次华丽转身。

柳宗元死后，又一个落魄大文人跟来湖南。他不是在舜帝墓地的永州山边，而是在洞庭湖畔的岳阳水旁，此人名叫范仲淹。

柳宗元落在湖南山南，范仲淹飘到湖南水北。

《天问》有了，《天对》出了，范仲淹来到湖边，他还能干什么呢？大概也只能想想前人，望望地面。

天下湖湘，八百里洞庭，气势浩瀚，乾坤沉浮其中。范仲淹登临此境，精神之忧与现实之乐，同时涌上心头。仿佛醍醐灌顶，如禅宗顿悟，刹那间通达了天人之际、古今之变。他将这种天启的灵光，凝结成一句哲学之言。

这句今天已经流传很广的话，解决了困扰中国士大夫千年的政治心结："先天下之忧而忧，后天下之乐而乐。"

须知，从春秋楚国千年以来，湖南本土文化与中原文化，一直是单向影响、交流传播的。而互动式交流，渗透式影响，则到唐朝大中元年湖南人刘蜕考上进士之后。刘蜕科场上榜，史称"破天荒"。

自此，湖南与中原文化接轨互动。儒家的"平天下"（进取），与道家的"观天下"（自由），开始出现第一次大融合。

到宋朝时，湖南土地已历经诸多大家，人文也有千年积淀，开始酝酿本土大家的崛起。

与范仲淹几乎同时，湖南道州本土哲学家、中国道学（理学派）开山鼻祖周敦颐出来了。其时佛教对中国儒教产生毁灭性的冲击，周敦颐这个只在湖南、广东、江西等地县级政府官位上颠荡过的小官员，优哉游哉中也来"忧天"。

周敦颐避居乡野"忧天"，而且忧有所得，跟湖南神奇的地理有关。在湖南道州的月岩山，有这样一个奇特的景点，其岩形浑圆，入洞仰视，自东看像"上弦月"，自西看像"下弦月"，从洞中看，蓝天当顶，浑圆如满月。当天光透入岩中，人在不同方位，竟见三个月亮。更奇妙的是，中间的月亮，随行人步伐，依次变化出"上弦月、满月、下弦月"。周敦颐第一次踏入此地，面对自然鬼斧神工，心中想必无比惊奇。观月岩山之月，顿悟宇宙大道，他写出了《太极图说》。

《太极图说》共249字，不足今天两条微博。它的价值，在于用一种学术的创新，在意识形态上挽救了以后的封建王朝免于崩溃，影响力与孔子比肩。

周敦颐学说，核心内容，就一个“理”字，由“天道”推“人道”，他得出“诚”字。

面对儒释道三家纷争，他创新的方法是“佛学、道家内容儒家化”。

到这时，我们是否可以总结出一个规律：湖南人欲得宇宙大本大原之真理，必得先“望天”？放到中国比较去看，广东人口头禅“望天打卦”，周敦颐“望天得真理”。

周敦颐死后，另一个湖南大家又出来了，他就是衡阳王船山。

王船山是一个性格坚硬到无以复加的文人。屈原当年被流放十多年，转了湖南沅江、汨罗几条水路，越走越伤心，忧愁而死；王船山以明朝遗民自居，在清朝被新政权追杀，躲避深山 40 年，波澜不惊，毫发无损。

前人已将天望得差不多，这么一个贞固心肠的读书人，他再来抬头望，又得到什么真理了呢？

跟做过县处级官员的周敦颐相比，王船山只做过类似今天的科长职务。因明朝灭亡而被迫放弃科考做官，常年在衡阳乡下做着真学问，看天眼光又不同。

在衡阳湘西草堂的陋室前，在平沙落雁的秋凉中，自称“头不顶清朝天，脚不踏满清地”的王船山，望出这样一个结论：“六经责我开生面，七尺从天乞活埋。”

前句是关于学问大道的创新，后句是从天道中悟出读书人应有什么样的气节。在忧天而及学术真理、忧天而及为人处世真理方面，王船山将“忧”的影响面进一步拓宽。

思想学者韦政通将中国古代知识分子归纳出四种典型人格：“孟子

刚健，庄子透脱，阮籍狂放，船山贞固。”

王船山望天，虽然没有前面的屈原、后面的毛泽东关注的五个方面那么宏大，但他在哲学上、在关于人性的哲学思考上，已有独到的发现。他说：“天地之德，日新富有，流动充盈，随在而昭其义于有形有色。”就是说，天地从来不吝惜自己爱的付出，为了使人类始终有善性，每时每刻都在不停地给人以善的滋养。

他又说：“夫性者，生理也。日生则日成也。则夫天命者，岂但初生之顷命之哉？”在王船山看来，善是人活着的标志，活下去的理由和根据，失去它，就算活下去，人已经沦落为动物。

我们终于明白，王船山补天不得，转而望天生忧，一望一忧，开创了“命日生，性日受”的人性理论。这弥补了中国自先秦以来学术界在人性论上的漏洞。毕竟，孟子“性善论”与荀子“性恶论”，都只论及人生下来之本性，至于后天人性如何，他们并没有立论，王船山开创性地立论出来了。这一点又可比肩于前人周敦颐。

到此归纳总结，湘人忧天，大概可以得出这么一个规律：一是在失意、挫折、悲愤中怀忧患之心，忧虑之意，忧伤之情，思考出整个宇宙最根本的哲学性的法则、原理、真理，即“求得天道”。二是用这些求得的天道，用来指导人道，解决现实政治与社会人生中的大难题，也就是“传道济民”。

这些引领湖南精神的伟大人物，以各自相似又不同的气质、秉性，在各自坚持的某个方面，创造发挥到一个巅峰的高度：要么成为理论的哲学家、学问家，要么成为朝野皆通的思想家，或有良知与大抱负、大作为的官员。但他们不是没有缺陷：他们对宇宙大道思想的发现，要远远大于他们现实行动的实践影响。换句话说，他们的行动力，跟不上思想力。

恰在这时，毛泽东成长起来了。

毛泽东的出现，是迄今为止“湘人忧天”气质所开创的一个顶峰。毛泽东是湖南人中将蚩尤部落山人尚武、好斗，与屈原水边人浪漫、高远完全融合一体的第一人。他从小除了与父亲斗，也漫想天下事。他一句“丈夫何事足萦怀，要将宇宙看稊米”，将蚩尤、屈原融合了。

毛泽东生在清末民初，这是一个国家政治松弛、社会管制纷乱、思想自由无拘的时代。

青少年时代，毛泽东自由行走，自由求学，一心只思考人类最大、最根本的真理。他在橘子洲那块不大的地方，抬头望天，问出“苍茫大地，谁主沉浮”来。相对于前人的“望天忧人”“望天忧学”，他在“望天忧地”。

借天道解决人道，是湖湘学问的立足点，也是学问行动的起点。

毛泽东思考一生，行动一生，凡遇困顿迷惘之时，他对天问人。

年轻时他问：“人有病，天知否？”试图与天对话。

中年后他说：“天若有情天亦老，人间正道是沧桑。”站到天道哲学的高度，来俯瞰地球变化。

尼克松称毛泽东是大哲学家，而毛泽东与尼克松见面，也只谈哲学问题。毛泽东一生被称作战略家。战略家首先是哲学家。

在性格气质上，毛泽东自称“虎性为主，猴性为辅”。虎性即是蚩尤的霸蛮、倔强、好斗；猴性即是屈原的智性、浪漫、高远。湖南八百里南岳，八百里洞庭，山为虎性，水为猴性。自然就这样人格化了。

蚩尤、屈原的悲情忧伤，是一种心力，毛泽东早年师从杨昌济，专习伦理学，第一篇作文，正是《心之力》。毛泽东最大的贡献，是将“忧天”的思想与行动完全合一。

中国书生、文人，历来爱好坐而论道。书生行动，是王船山开创的传统，成熟在曾国藩，至于知行合一，出神入化，在毛泽东。他干脆将自己的哲学文章叫《实践论》。

孔子说，以人载道。一切地域精神，无不要通过人行动出来。

湖南精神，有江湖、庙堂之分，草根、正统之别。毛泽东将它们之间的区隔全部打通，湖南人精神气质的若干面，在他身上都可对应找到。

今天湖南人，无论是贩夫走卒，还是达官显贵，无论是村野民夫，还是江湖名士，他们总或多或少，能从毛泽东身上找到自己的一些影子。

卓然独立，锋芒毕露。湖南精神本就是一种大缺大全，充满了争议与不确定的气质。

倔强勇猛

倔强是湖南人身上最醒目的一种精神。

湖南人倔强，原因多样。比方湖南山地、丘陵奇多，人人隔绝，各自占山而居，造成性格独立；同时，湖南山地十分贫瘠、坚硬，造成湖南人生存必须与土地斗，与人争；湖南人从九黎王蚩尤败归化为三苗，好斗的气质仍在，负气造成倔强；而湖南四塞之国，被洞庭湖封住，中原主流的大一统文化迟迟影响不进来，也是湖南人独立、不依不傍的一个重要原因。

但以上都是外部原因。真正内在地决定湖南人倔强的精神气质的，还是文化源头上的“忧天”。

湘人忧天，无关功利。屈原忧天，只为“追问自然天道、探求宇宙真理”。这让湖南人一开始，就保留了一种自然、率真的性情。

强烈的自我感、独立意识，注定湖南人只认真理，行事坦荡，个性刚烈，他们不信邪。信什么？自己。每个人内心深处，都有为人最朴素、最真实的良知。

独立、自信，就是前面说到的王船山气质，叫“贞固”。贞是高洁，固是坚硬。这一气质的源头，可追溯到屈原。“世人皆醉我独醒，世人皆浊我独清”是高洁，“九死而不悔”“董道而不豫”是坚硬。

湖南人内心的高洁情怀，则与风土有关。

湖南有两大象征物，一是橘花，二是莲花。

橘花是屈原的价值观寄托，20岁那年，他作第一篇文章叫《橘颂》。橘花色白，橘树只能生淮河之南，生到淮北就变味成枳。文化的象征意义，是屈原借此比喻自己只能属于楚地。

两千年后，毛泽东独自站在橘子洲头作《沁园春·长沙》，也是感受了这种地域植物的风神。

橘花性格，与其说是爱国，不如说是安土重乡。

莲花则是周敦颐的价值寄托。莲茎中通外直，不蔓不枝，象征君子。莲花是佛祖释迦牟尼的象征。释氏出生时，传说“地涌金莲”，莲花被赋予了“普度众生”的含义。

湖南人物皆有慈爱心肠。魏源晚年投身佛学，谭嗣同将佛学融入仁学中，蔡锷也称“用霹雳手段，显菩萨心肠”，熊希龄以慈爱心肠办学，纵横家杨度晚年也遁入空门。

慈悲与普救情怀，在湖南民间，广为弥散。站在倔强的对立面，消融了湖南人因倔强好斗而造成的负面结果。

倔强的根源，在独立意识。这造成每一个个体的湖南人都有自己的特点，不可复制的特性。世上没有两片完全相同的树叶，地球上没有两个完全相同的湖南人。

在中国国内，湖南人是保留人类天性最完整的一个人群。

天性的湖南人，“尚巫重情”。直到民国，依然完整。沈从文在湘西可以创作出《边城》，在北京以“永远的乡下人”自居，是这种完好天性的流露。

湖南自古蛮荒，王化不及。“怀化、新化”地名正源于此，所以“尚巫重情”历数千年，至今影响依然。这造成湖南人对技术侵占到人性、人情的地方，会特别敏感，有本能排斥。假使地球人将来都跟电脑结婚，湖南人一定最后将人脑换成电脑。

保存天性的湖南人，独立、自我、个体意识强烈，他们“忧天”的作为，通过一个个具体的生龙活虎的人物，发挥得淋漓尽致。蔡锷当年“为四万万人争人格”，即最见个体精神的锋芒。

重情之外，还有重义。

湖南人仿佛为义而生。义者，宜也，即是事情的正当性。社会公平、人间正义、天下大义，是湖南人求取的对象。所以，倔强的湖南人，对那些于自己毫无实利的事情，那样醉心，那样投入，舍命相投，飞蛾扑火。

放进全国去比较，更加了然如画：江浙文化，本质上是一种“利”的文化；安徽一带，基本上是一种“名”的文化；湖南则是一种“成就感”的文化。

利是人安身立命的基点，名是对利的一个超越，而成就感则是人能追求的最高境界。成就感就是“自我价值的实现”。

无视利、名，一心追求成就感，追求自我价值的实现，这种文化特质，让湖南人有倔强的底气。倔强就是无论多大的利，多高的名，都不会妥协，而按着自己的意愿，将事情做成。

所以我们看到，王船山以来，历经陶澍、魏源、曾国藩、左宗棠，中间有谭嗣同、黄兴、蔡锷、宋教仁，直到毛泽东、彭德怀、胡耀邦、朱镕基，中间还有无数一等一的人物，都以蚩尤那样的勇猛、血性，不顾利害得失，个人性命，举起历史的闸门，划开历史的双桨，将民众导进民主、自由的境地。

“经营天下”是湖南精神一以贯之的追求。

“经营”的本来含义，是筹划与管理。经营天下，就是筹划与管理天下。从屈原问天，到柳宗元变天，到范仲淹唤天，到周敦颐补天，到王船山哭天，再到毛泽东换天，求天道而得人道，湖南人筹划与管理天下，有一根清晰的逻辑线。

从古近之交的陶澍第一个出湖做上高官，到近代曾国藩组建湘军，崛起于陇亩，暴湖南以大名，两百年来，湖南人前后接力，事实上在做的，就是成功运筹中国，经营天下。

这样一脉传承下来看，将两百年来湖南人的作为，归纳成六个字：“湘军、湘政、湘商”，是有历史感与洞察力的发现。

湘军是以军事作为天下功业的发力点，湘政是以政治作为天下大业的发力点，湘商是以经济作为天下民生的发力点。军事、政治、经济，是国家存在的三大基石。湘军、湘政、湘商，共同的目标，都是经营天下，如果说有不同，只有发力点不同，手段不同。

所以，2007年9月，伍继延牵头，三千名湘商签名发布《湘商宣言》，依然是秉承湖湘文化的优良传统，根据全球化时代的历史潮流、时代需求，将它转化为“责任、创新、务实、和谐、诚信”。

比较去看，中国地域不同，各地特质大异：儒家文化积淀，山东着眼家国，是以叫“中国鲁商”。江西追念宋朝文化，是以叫“中华赣商”。山西、浙江、福建，着眼“利通天下”，是以名“世界晋商”“世界浙商”“世界闽商”。徽、粤、苏、陕，各本其名。唯独湖南放眼世界，气魄宏大，号称“天下湘商”。

历史流变，换了人间。今天的湖南人以蓬勃生猛之势，用商业的手段，将湘商迅速做大，造成湘商引领华商之势。固然，湖南精神中有霸蛮执着的地方，有智慧灵活的地方，但湖南千年耕读传家，传统造就湖南人性格中天然有一种务实肯干的风习。

书生实干，是湖南人的特质。

无论是历史以来，还是历史当下，湖南人经营天下，最显明的特点，即是“天下当实业，经营利义爱”。

利是经营的起点，义是对利的超越，爱是义的升华。大爱天下，这是经营天下的最高境界。

忧天让湖南人得到大思想，倔强让湖南人保存独立天性，勇猛让湖南人敢做敢当，刚毅坚韧，超越利、名束缚，对自我价值的实现执着追求，让湖南人可以心无旁骛。所以自古以来，个体的湖南人，都有一股浩然之气，一副舍我其谁的精神风貌。

以上是湖南精神刚性的一面，它散布在湖南精英人物身上、装点在醒目历史事迹里。

凡事有正必有反，有刚必有柔。在刚性的对面，我们看到，柔性浪漫的湖南精神，同样有着自己的醒目特色。

自由洒脱

湖南地处中国中部，长江以南。梁启超曾以长江、黄河为界，将中国地域性格，分为“南老北孔”。湖南处在“南老”，老子的道家文化，是湖南人精神之根。

道家尚柔。湖南精神的根，是道家。相对于北方大漠的粗犷豪放，湖南更多是一种浪漫灵柔。

但湖南的柔性，不是江南式柔媚。与江苏、浙江一带的温软柔腻比较，湖南人偏向于浪漫、高远。

湖南地处南方中的北方，北方中的南方，是“南人北相”与“北人南相”的杂烩。在三苗土著与客迁者融合、江西填湖广时民族大融合阶段，都对湖南本土人种起到了改良作用。

这种非南非北的地段，无论与北方人还是南方人，都有一种异质感。

而湖南山地的独门独户的独居特色，造成每个人天然的独立意识。忧天时气魄宏大，更有一种排异心理，强烈的自我意识与强悍气质，更加剧了这种独立精神。在保留湖南人天性的同时，也保留了那种自由散漫、天马行空、不受拘束的气质。

湖南人身上的自由气质，对自由本能向往的渴求，便因这几种原因生出。湖南人最光辉灿烂、最激荡人心的一段时期，也正是为天下人争自由、民主、进步的那段时期。

如果说，曾国藩、左宗棠还有卫道的气质，到了谭嗣同、唐才常，争取政治民主自由的精神，就初显端倪了。到蒋翊武、黄兴、蔡锷、宋教仁，追求自由的气质，已经回荡在身上了。

独立自由的集大成者，在青年毛泽东。32 岁那年，毛泽东称“独立寒秋”，看到“万类霜天竞自由”。

毛泽东评价当时的湖南精神，是“湖南人确有几种可爱的特性，坚苦、奋发、勇敢、团结心都是”（见杨金鑫《青年毛泽东与近代湖湘文化》）。

毛泽东创办《湘江评论》时，曾发起一个惊动中国的事情，驱赶军阀张敬尧。他当年去北京向政府请愿，落款是“湖南公民毛泽东”。这是湖南有史以来第一个以公民身份自称的人。

自由的本质，是超脱利、名束缚，追求自我价值的实现。

自由与天下结合，就成了醉心成就感、社会公义、天下大义，如黄兴“碧血浇灌自由花”。自由与政治结合，就是毛泽东喊出的“为人民服务”。湖南人从政，可能过于理想、激进，在后世带来争议，但还从来没有产生过一个追名逐利之辈，为湖南人超越的精神使然。

湖南民间的洒脱，则见出道家文化达观的一面。

凡性格都有反面，霸蛮执着的人，必有灵活机智的一面。

湖南人会生活，爱生活，以长沙为最。

如果说，“忧天”是湖南人沉重的一面，“乐天”则是湖南人轻松的一面。

乐天的落点在生活，乐天的精髓在折腾。

湖南人会生活，能折腾、擅长折腾。长沙人“策”，换句直白的话，是“用嘴巴来折腾”。湖南卫视正是乐天的湖南人用“边策边折腾”鼓捣成功的。

乐天的湖南人，民间流传一句俗话，叫“白天爱看牛打架，晚上唯愿火烧天”。爱凑热闹，好生事情，精力充沛，生命不息，折腾不止。

折腾出于自由的天性。当这种乐天的天性，遭遇忧天的沉重时，表现出来的气概，无一不是：洒脱。

湖南民间俗话：“要死卵朝天，不死又吃饭。”粗俗俚语，很见湖南人的达观。

道家的庄子，曾流传一则故事，妻子死后，他盘腿敲瓦唱歌。长沙人家里死了老人，丧葬时往往放流行歌曲。对于非人力可能及的事，湖南人都很看得开。

老子说：“民不畏死，奈何以死惧之。”湖南人倔强、勇猛、血性，再加上自由、乐天、折腾这些元素，融合在一起，就起了化学反应，变化出湖南精神中很重要的一点，淡看生死，这就是达观。

达观的精神，经过有大学问、大思想的毛泽东的融会，就升华成两句话：“红军不怕远征难，万水千山只等闲。”作为同样师承王船山的前辈文化人谭嗣同，则这样表达：“我自横刀向天笑，去留肝胆两昆仑。”无论是毛泽东的举重若轻、洒脱淡定，还是谭嗣同的勇猛决绝、达观自信，都为湖南人以生命求真理、以坚苦索自由的精神立下了标杆。

湖南人精神中的这些大义情怀、决绝不悔、自由洒脱，让他们在艺术、反权威两方面，可以开创人类的巅峰高度。

如果说，潇湘文化经过系统的提升，已经成为一种庙堂文化，那么，湖南精神，事实上依然存于民间，它的精气神，它的不死活力，始终弥散在民间。

中国有两个历史时期，民间充满活力，思想自由丰沛：一是春秋战国，二是清末民初。共因是军阀无法管制，民间自由生长。“湖南精神”的形成，得益于洞庭湖的封闭，得益于湖南一直长存民间。湖南精神的真正不死的活力，始终保留在民间，因为湖南精神，本质上是一种草野的、自然的、天性的、民间的精神。

这种自由环境，让湖南人养成一种“士气”。

湖南因蛮荒而存自由，因自由而生士气，因士气而有风骨。

气节属于官方，风骨存于民间。

我们看蚩尤、屈原、贾谊、柳宗元、周敦颐、王船山、毛泽东，要么败归民间，要么流放民间，要么终老民间，要么起事于民间。古人说“礼失求诸野”，对湖南来说，精神失求诸野。

起于民间的湖南人，在“反权威，取自由”时最为积极，也成就最大，这也是天下有大事必有湖南人出，湖南人善挽狂澜于既倒的原因。

我们已经可以看出，湖南精神忧天，尚巫重情，保存天性，长存士人风骨，千百年来，最接近现代气质。

现代气质，源于价值多元，表现为一种独立、自由的状态。在这种状态下，每个人都有强烈的个体意识，对自身权利特别看重，按各自天性选择各种生活方式，为了谋求天下人的幸福，不惜代价去追求。

结论

从历史上来看，湖南精神五千年来不变的一点，是挑战传统，打破规则，创新应变。无论是最伟大的湖南人，还是最普通的湖南人，身上或多或少都有“尚巫重情”的非理性气质一面，这注定他们不会按套路出牌。因而任何中规中矩的、精雕细琢的评价，又都会画虎不成反类犬。

数千年来，无论“唯楚有材，于斯为盛”，还是“楚虽三户，亡秦必楚”，或者“是中国不可一日无湖南”，或者“若道中华国果亡，除非湖南人尽死”，湖南人那种“像昆仑崩绝壁，似台风扫寰宇”的狂放、倔强、反叛的精气神，都不可能通过循规蹈矩的方式，坐而论道地将它提炼出来。

精气神只可临摹、描画；通过技术理性的分析提炼，已经走样。

今天的社会依然依赖五千年来的湖南精神，依靠两千年来的湖南民间士气。天下不可一日无湖南，而湖南不可一日无精神，如果湖南硬要来提炼精神，在主流学术界的严肃归纳之外，应该还有那长存湖南草野民间事实广为散布的“湘人忧天、倔强勇猛、自由洒脱”精神。

湘中气质：在长沙策里手

要看清一地人，需要跳出来。比较之下，北京人“爷们”，长沙人“里手”。

两个外号，旗鼓相当。爷们盛出于浩荡皇城根下，里手则多产在闭塞草野。

不论爷们还是里手，闻声都会盖人一头。盖人一头需要本钱。爷们不差本钱，他们有的是血统：五服之外，亲戚不是皇帝，也可攀上皇帝的亲戚。中国社会，有权不炫，过期后悔。北京爷们炫了不白炫，是以大话张嘴就来。恰巧中国地方广阔，地方见中央，源流不息，免费提供了无数义务的业余听众。北京人乐得从地方人那挺不直的腰杆里找到血统里黄金不换的高贵感。他们硬是凭嘴巴撑起了一方人的外号：侃爷。

相比北京，长沙人没那么妙。

站在南方望首都，千里之外。立在长沙远眺西安京城，汉朝的长沙王筑个定王台也看不见。湖南本身又是一块三面环山、一面环水的闭塞土地，古来被用来流放官员，虽比专门用来流放罪犯的广东、伊犁、漠河等地稍好，但流放官员，不炫别人不知道，一炫反倒吓一跳，相当于自首。

从中国版图看，湖南坐落在中国中南部长江以南。从湖南版图再看，长沙处在洞庭湖平原的南端向湘中丘陵盆地过渡地带。长沙正史，始于西周初年。周成王贡品，有敬献的“长沙鳖”。秦设长沙郡，汉设长沙国。有国则有王，首任长沙王叫吴芮，五代后无子，亡国。汉景帝继子刘发被封任长沙王，但王莽篡汉成功，长沙王又被赶跑。刘发后代刘秀，反王莽成功，建立东汉，做了皇帝。细数起来，长沙人的祖上并不是没阔过。但相对于强大的北方，相对于北方人长期统治中国，长沙人这点小成绩，有点拿不出手。

因闭塞而有点夜郎自大，因草野而性情率真的长沙人，无权无势，不能炫爹，不能耀阔。难道枯坐着听侃爷神吹？他们灵机一动，打起自家脑袋的主意：不能“拼爹”，咱们一对一，面对面，拼智商。

智商是头脑聪明而身无家世的人炫耀时最好的依靠。面对自身以外的一切东西，聪明人从来足够自信，他们相信“聪明不用，过期后悔”。于是，当年那些悠闲率真的老长沙，从聊中找到自信，满足自恋。“傲腿”一词，即是自信加自恋的产物。没有自恋，就叫“硬腿”，既不傲气，也无傲骨。

但生活聊天容易滑成瞎聊，侃大山一不小心就落成了乱侃。瞎聊乱侃，虽让嘴巴快活，也能出成绩，但终究是戏子的活，没分量。自己正感觉了不起呢，人家将你当猴戏听，这未免太伤害自尊啦。

怎么让瞎聊乱侃、神吹海侃也庄重有力呢？

老长沙人找来一个传神的字：策。

“策”最直白的意思，就是瞎吹。这太合性情率真的长沙人胃口：每天澎湃的精力，火辣的热情，在茶水中消耗，在酒水中打发。生活本来古井无波，因此被折腾得涟漪波起，心神也风驰波荡，真是不亦乐乎。

但策的内蕴，远不止此。

策通常指计谋、计策。我们看古代科举，殿试主要内容，就是策：“策问”“对策”。“策问”一般是以皇帝的口吻发问，其内容包括治国安邦、国计民生的政治大事。士子们只能在应试的过程中针对“策问”做出回答，就叫“对策”。这大约就相当于今天的时事政治论文。谈论天下时势，谁还敢当猴戏听？

如果说，瞎吹容易被人当猴戏听，经常策论天下又过于空洞，那么它还有更真实、更直接、更火爆的内容：策略、策动、策划，甚至于是，策反。

这一下就冲到了地球村人凭借智商用三寸不烂之舌所能达到的最高境界。遥想当年，诸葛亮大梦先觉，摇着鹅毛扇子，跟刘备密室阴谋，几句隆中对策，策出了“三国”。

长沙人的策功，厝火积薪，后来居上，强于诸葛亮。晚清岁月，长沙人黄兴策略筹划，在明德中学策动一班不怕死的革命家，策划建立华兴会。29岁那年，他与宋教仁等一帮年轻人在今天五一广场密谋策反，最后策出个中华民国来。孙中山评价说，“无公则无民国，有史必有斯人。”没诸葛亮只是没有蜀国，没有黄兴则无中华民国。

从瞎吹到计策到策反，我们终于见证“策”的神奇。这个可小可大，可轻可重，可谐可庄的字，将长沙人的率真，长沙人的聪明，长沙人的本领，长沙人的自负，全吞吐其中了。

“长沙人”其实就是“长沙策”，只是“策”叫出来是“扯”，像在骂人，只好换成“里手”。

长沙里手炫耀聪明，开始于何年何月，没有史实可查。原因推断起来，缘于封闭的自信。汉朝先有“长沙国”，清朝才有湖南省会，长沙作为十四地州中心，地缘上的优越感，人才流动的开放性，人口汇聚的杂交优势，为开阔眼界、提高智商创造了条件。

类比辅证，可以参照上海。人才流动、人口汇聚，长沙类似上海。也就是说，长沙人同上海人一样精明。分别是：上海人的精明都用到生意、生活上，他们嘲笑别人不精明，就骂人“拎不清”；长沙人的精明多用在炫耀比试、折腾生活、朋友义气上，他们嘲笑别人愚钝，就说“策不清”。

长沙人好炫耀聪明，除了满足虚荣，也不是全无好处：这逼迫他们除了瞎吹，平时得多看、多听、多记，于是成了包打听、百事通、万金油、杂家，艺多不压身，书到用时不恨少。“策神”生活率真性情，他们自由自在走街串巷，这种地域风习一经形成，逐渐积淀为一种地域风俗。

湖南人性格，自卑与自傲，长沙尤甚。自卑源自湖南地气卑湿，古代不宜人居，被朝廷用来流放官员。贾谊当年怀才不遇，被贬为“长沙王太傅”，在长沙失意待上三年，写下《吊屈原赋》《鹏鸟赋》，即是例证。

自卑者小而轻，自傲者大而重。小而轻则乐，大而重则忧。在小与大、轻与重、谐与庄、乐与忧两极上游走，长沙里手游刃有余。

“心乐天下”与“心忧天下”两极，长沙人凭借高明的智商，来回腾挪。

“心忧天下”在革命年代，就是抛头颅、洒热血、牢底坐穿，横尸法场。

在和平时期，它自觉转化成“心乐天下”：每天为怎样让天下人跟自己同样快乐起来而忧愁着眉毛操尽心。

“心乐天下”的酒吧文化、歌厅文化，长沙一骑绝尘，领先中国。长沙本土曾专产白沙啤酒，广告打得富有韵味：“天下无大事，喝杯白沙啤。”在外地人看来，喝啤酒跟天下，关系真的不大。但哥哥、妹妹喝起一杯啤酒的快乐，至少也是天下忧乐的一个细胞，他们这么认为，这就是长沙风气。

正因“里手”在长沙草根民间星罗棋布，脱颖而出者不乏民间基础。所以我们看到：夸张、戏噱、嘲笑笨拙、专抖机灵的奇志、大兵，当年一对双簧如何风靡湖南；扎根长沙的湖南卫视，以率真性情、草根狂欢、生活折腾，让全国观众如何为之倾倒；而率真性情、敢爱敢恨的长沙人易中天先生，如何用一流的“策功”，理直气壮又九曲回环，在《百家讲坛》将三国人性演说得活灵活现，令风云变色。

奇志、大兵“搞相声”，湖南卫视“策超女”，易中天“品三国”，这成了长沙里手经生活沉淀后结晶出的三张名片。相声通俗，电视世俗，三国高雅，上中下三档全齐了。

可以说，长沙里手的高超本领，像孙悟空的如意金箍棒，小到可以塞进耳朵把玩，大到可以专作定海神针，全看怎么用。

但长沙里手是否就真都成了孤独求败的“傲腿”了呢？也不见得。成败同在萧何，困住长沙人手脚的，大约也确乎在“策”。

无论是神侃的话语，还是思虑的计策，它们都有点偏阴性，本身还不是阳刚的行动。“策”一经成“神”，就可能神飘神闪，没有成为精神，反倒像醉酒的神经。

而湖南历史上的伟大人物，没一个不是行动出来的。“长沙里手”与大人物无缘。不产里手的长沙草莽市井或草根民间，倒是大人物林立。比方长沙县的黄兴、朱镕基；长沙府浏阳县的谭嗣同、胡耀邦；长沙府宁乡县的刘典、何叔衡；等等。长沙城适合自产带流量的艺术家，当然也适合民间牛人来策事。

城内市外，两相比较，构成一种奇特的生趣反差。

血性的湖南人，骨子里有重的一面，有霸蛮、坚定的那面，但同时也有轻盈、浪漫的一面。“长沙里手”则发挥湖南人轻盈、浪漫的那面，发展成灵活性，他们自由洒脱，敢爱敢恨，早早过上优质生活。湖南人倔强勇猛的那面，里手们显然无力承担。他们擅长用细口，不太会用大手，更不善用粗脚。

但今天是个告别倔强勇猛的时代。自由洒脱的优质生活，正在成为主流。长沙里手倒是应时之需。凭他们的策功，轻松游走市井街坊，可以悠然策出一种现代气象。

现代化一日千里的加速，让地域性格的痕迹正在冲淡。21 世纪头一个十年才告别，《晨报周刊》记者采访我，相约再去长沙街坊找里手，奇怪的是，我发现里手们已像被奇门遁甲做了隐士，从我们的生活中消失，像长沙北正街的空气。

里手在当代遭遇灭顶之灾，大约源于人际传播的口头慢生活遭遇电子传播的科技快生活。这想来叫人无比惆怅。以前里手生活中常有的情境，如今只有在电视盘点时才能看到；将来电视也没法看到的时候，我们大约就只能去翻书考古了。

灭顶根本原因，在于物质功利。今天时代商业的冲动与诱惑，已经侵入人性本真的领地，将它们稀里哗啦肢解了。城市喝口茶要收钱，问个路可以赚钱，精明的长沙人已经节俭起他们的口水，节约出他们的时间，将散漫自由瞎折腾的“策生活”省俭下来，全部投入飘红的事业上去了。年轻一代的长沙人，无师可承，无人陪练，K 歌泡吧去了。

就这样，长沙里手被无坚不摧的科技、物质、现代化合谋，在鲜活英年，转瞬之间白头，然后被“撕票”。现代化将“里手”提前蒸发成非物质文化遗产。

这多少让人感到遗憾。长沙人生活在“中国最具幸福感”的城市，幸福感因里手消失而变得怅然若失；湖南人现代化的生活，也因此黯然地淡掉了些酸甜韵味。

湘北气质：在湘阴说江湖

凝神看去，岳阳是湖南的眼睛，湘阴似夺眶迸发的泪。

水是泪的前生。湘阴正是座水分之城。作家韩少功栖居岳阳汨罗江畔，写下《山南水北》。

湖南没有“湘阳”。山北水南，却是湘阴。

朝晖夕阴，气象万千，湘阴无论听上去还是看上去，都像个很女性化的名字。女子给以眼泪，让人许多遐想，但眼泪也只是情绪的别名。湘阴第一次情绪巨大起伏，盘桓在屈原的眼泪里。

两千三百年前，屈原正事楚怀王。屈原感情丰沛，情景如女侍夫，如胶似漆，一日不见，如隔三秋。屈原将这种情感，吟成“香草美人”，开了中国文人以夫妻关系喻上下级关系的头。如此香艳温软，以致今天一些学者研究屈原搞“同性恋”。但屈原到底好心被当成驴肝肺，信而见疑，忠而被谤。怀王死后，顷襄王听信谗言，更加绝情，气恼之下，将他流放。屈原百气缠胸，百口莫辩，对天含泪，投身汨罗江。罗子国第一滴情绪悲愤的泪水，激开涟漪。

湘阴前身，正在屈原自沉的罗子国。

罗子国是夏商时代芈（mǐ）部落穴熊的一个分支，和荆楚同祖。殷高宗武丁时期，芈族系各个部落被殷征伐，罗子国不想“被战斗”，便随楚人由罗山（河南罗山县）迁避到甘肃正宁县。谁料才离狼巢，又入虎穴。周王朝又追过来压迫，罗子国王为避周战祸，再随楚国迁于湖北房县和宜城。

两次避战，均得偏安。

但到春秋初期，意外陡生，祸起萧墙，楚又来灭罗。凡事一而再，没有再而三，躲无可躲，避无处避，罗子国生生地被楚军用枪杆子从地图上抹掉了。罗亡之后，楚王将罗子国遗民迁于枝江，接着又被迁至湖南汨罗江边。

一部罗子国兴亡史，半部江湖流动史。这是一篇“挨打”与“避打”的逃难历险记。这段悲惨逃亡经历，“乱悠悠，恨幽幽，恨到汨罗方始休”。

三迁仍亡，过程悲壮，叫人感到悲凉。在这样一种悲壮与悲凉交织的氛围里，湘阴流走历史两千多年。

今天再顺着茫茫洞庭水发问：湘阴县城距古罗子国故都有多远？回答是三十公里。《路史·国名纪丙》记载：“今潭之湘阴东北六十里有罗故城，秦之罗县，梁为罗州。”

罗子国为避祸仍国破民迁，楚国灭亡而屈子沉江，湘阴人的性格基因里，被泪与水沉淀下悲情基调，有时壮阔雄浑，有时凄凉悠远。

“悲”有男女之分、文武之别。

如果说，女人的悲是冷泪，男人的悲却是热泪；同样地，如果说，文人的悲是怨泪，武人的悲则属恨泪。冷热怨恨，交织挥洒，交融汇合，流入洞庭。

湘阴在湖南版图之上的地理特色，是湘江在这里汇入洞庭。

这种地理特色，形成了著名的潇湘八景之一，远浦归帆。“浦”是河流入海的地方，“归帆”是游子从远方归来。“江水共长天一色”的壮阔视界里，多少帆船，多少年来，在咿呀摇橹，出江入湖。

远浦楼前，曾凝聚过多少动情的场景？破落的游子，冒险的商人，羽扇的书生，得意的官员，远望故乡之时，全然忘记羁旅劳顿，带着那颗热乎的心，某天出现在江面。他们影影点点划船归来，亲人在岸上渴盼落泪。

与归帆相对应的场景，是湘阴人远航前作别。与君离别意，同是故人情。每到送别时分，面对浩瀚江面，江湖风高浪暴，离人心潮波涌。

远浦楼就这样作了激荡世俗人间悲欢离合情感的港口。情感的经常起落，强化了乡愁与伤感，悲欢离合坚硬了内心。楼前一波一澜，有如离人心跳，远浦的波涛，则似情绪起伏的离歌。与橘子洲艺术化的无我之境“江天暮雪”对照，“远浦归帆”是有我之景的人间情感大开大合。

登高而望，远浦是资水、湘水入洞庭湖处，三水合流，冲撞融合，格局扩大，这里经历了一次江湖大替换；由地理而影响文化，由文化而影响人，从社群与国家、历史与现实观照，江湖带来的是文化新生。

湖南四水，湘资沅澧，各具特色：澧水呢喃，沅水神秘，资水刚毅，湘水激越，而洞庭深沉。远浦性格，刚毅与激越同存同生，深沉的洞庭，又将远浦目光，带进辽阔江海。山水影响到人，于是产生胸襟。这种怀襟，用范仲淹的话说，“衔远山，吞长江，浩浩汤汤，横无际涯”，当它被升作一地的文化，就是胸怀天下。或者说，心忧天下。

心忧的原动力，来自哪里？悲情。

悲天悯人，是忧的源头；江湖悲情，在风暴中安详。

湘阴是座跨江而生的县城。

湘江自南向北，贯穿全境，湘阴凭水分割东西。古人傍水建城，湖南不少城市皆属此类。但湘阴特色，在它东部多丘陵岗地，西部为滨湖平原。这种奇特地貌，让湘阴性格也显得独特：有山地人的霸蛮，有水边人的尚智。

湘阴更特别之处，在于它处洞庭入口，进有湖阻，退有江挡。当地说法，“一山四水三分田，二分道路和庄园”。水成了主宰，好处是盛产鱼米，烦恼是远行困难。

洞庭湖以沉浮乾坤的连天波浪，将湖南人轻轻锁住，不能北上半步。要走出湘阴，走向中国，面朝地球村，首先需要一种力量，一种气魄，一种胸怀。

而“悲”是产生这个行动的力源。它或者悲壮，或者悲远。

先说悲壮。

湘阴丘陵岗地人的霸蛮、悲壮，被一个湘阴人张扬到了极致，我们知道，他叫左宗棠。

左宗棠其人，“左”得出奇。他的经历，跌宕起伏。

5 岁时，左宗棠随父亲到长沙读书。15 岁那年，他参加长沙府试，得第二名。18 岁那年，就读于长沙城南书院，7 次考得第一名。至 20 岁，他乡试中举。就在春风得意时，歹运降临。此后6年，他赴京会试，3次落榜。

左宗棠胸气惊人，24岁那年，他锋芒毕露，大笔一挥，在门前自题对联：身无半亩，心忧天下；读破万卷，神交古人。

心比天高者，命运自比纸薄。心比天高而身为下贱，到27岁那年，左宗棠已万念俱灰。他闲郁破胸，自撰挽联。

绝意仕进之后，他自称“湘上农人”，打算一生读书、教书、种田，“长为农夫没世”。

两江总督陶澍回乡省亲，左宗棠题写一副对联：春殿语从容，廿载家山印心石在；大江流日夜，八州子弟翘首公归。陶澍被他的才华打动，两人见面，左宗棠的人生轨迹被改写，酝酿从湘阴“出湖”。

早年稀有的坎坷奇遇，心高气傲与现实卑微的巨大反差，锤炼了左宗棠，让他性格霸蛮、刚直。

“不飞则已，一飞冲天；不鸣则已，一鸣惊人。”这是两千年前楚庄王的誓言。左宗棠晚年收复新疆，抬棺上阵，场面壮怀激烈，悲情回荡中国。哀兵必胜，西征军急战如卷席，一举扫平阿古柏、震慑俄罗斯，收回伊犁，收复新疆。

后人比较曾国藩、左宗棠，有“国藩以谨慎胜，宗棠以豪迈胜”一句。

左宗棠这种豪迈，可以称作“湘阴式悲迈”。与左宗棠“悲迈”映衬，湘阴人郭嵩焘从性格到遭遇，属于“悲远”。

郭嵩焘出生在湘阴县城西正街普田巷，属滨湖平原。

山地人好勇，滨湖人尚智。智慧的郭嵩焘，内心不是左宗棠那种刚硬，用曾国藩的话说，叫“芳菲悱恻”。“芳菲”是花草芳香而艳丽，“悱恻”指内心悲苦凄切。

书生郭嵩焘如屈原一样，内心皎洁“出湖”，无法容忍官场腐败，在咸丰皇帝授命他去山东清查腐败案件之时，他不顾个人安危，一心与僧格林沁斗。结果眼睛对上牛角，事败而名伤，换来一个“降二级调用”处分。

作为与左宗棠一样智慧的天才式人物，出湖过洋的郭嵩焘，在云南出了马嘉理涉外案件后，被安排做清廷替洋人擦屁股的替罪羊。他由此做上中国第一任驻英法大使。其时，他雄心勃勃将中国推向“地球村”，直言“西人来中国为经商”“西方制度优于清朝制度”，结果被清廷紧急换掉，兵部侍郎官帽同时丢掉。

他晚年称病乞休，归隐乡里，结果被长沙人误骂作“卖国贼”；死后九年，还被误会，有京官对他恨之入骨，咬牙上奏：“请开棺鞭戮郭嵩焘之尸。”

误会与污蔑，缘于郭嵩焘过于智慧。他将一切看得太清楚了。清醒者不能接受现实的污浊，又不愿意同流合污，自然挠挠者易折，皎皎者易污。他也不学屈原自沉，不合作，不抗争，最后的结局，是被现世污蔑，被历史承认。

郭嵩焘眼界，百年以来，无人可及。他站在19世纪的尾巴上，放言清朝若要强盛，需要三个百年，第一个百年改在器物，第二个百年改在制度，第三个百年改在人心。

以水的智性与包容，郭嵩焘相信历史跟未来：“流芳百代千秋后，定识人间有此人。”百年之后，孟泽教授一本《洋务先知郭嵩焘》，让我们洞见了他的深刻与伟大。

可以看出，“悲迈”的左宗棠标记出湘阴性格务实跟远略的一面，“悲远”的郭嵩焘则充满了高韬的书生理想情怀。他们同以书生身份，出湖入江。两人生在同一个时代，一个用行动，一个用思想，来挽救晚清朝廷。

左宗棠与郭嵩焘最终当然没有将清朝灭亡的悲剧挽转过来。挽救的过程中，虽有着不可磨灭的功绩，却仍然充满了悲壮。

湘阴人性格，经过数千年沉淀，到左宗棠、郭嵩焘逐渐成形。

百年后影响，则从他们两人展开来。

回头再看，作为整体形象的罗子国，到作为个体面貌的屈原，到个性如此傲然不群的左宗棠、郭嵩焘，他们已巍然成江流石不转的时代巨雕，而岁月在喧腾中依然不舍昼夜。

凝神细看，如热泪倾盆而化聚的江水，一波一澜，还起伏着这样一些永恒的雕刻：任弼时纪念碑、陈毅安烈士纪念馆、抗日阵亡烈士纪念塔。他们像“悲迈”的左宗棠，用一流事功证实这块土地本有的刚强。

湘阴不虚“惟楚有材，于斯为盛”之誉，这里还走出过中国近代化学工业先导范旭东，著名教育家、民国教育总长、原北京大学校长范源濂。他们像“悲远”的郭嵩焘，用先进思想传达出这块土地应有的高瞻远瞩。

新中国成立后，华国锋也在这里出任过第一任县委书记……

这些生于湘阴又走进四海的生动个体，用生命与行动，写出一地性格。

一个小小县城，集中如此足以傲世的人才群，让我每次在湘阴文庙里徜徉时总想一探究竟。

湘阴文庙建于宋朝庆历八年（1048），比《岳阳楼记》迟后四年。

文庙最具特色的地方，是状元桥、大成殿。

状元桥是一环行拱桥。中国废科举前，湘阴高中榜首者，都骑着高头大马，从桥上经过，那种荣誉，被现场气氛渲染，是“读书有用论”最好的广告。大成殿列孔孟之书，将儒家实用主义，世俗成功人生，再次鼓吹到巅峰。

读书非为功名荣耀计，然非功名荣耀，不足以激励平民百姓尊崇文化，培养子女读书。崇尚传统儒家文化、追求世俗成功的宣扬，通过文庙，对催生湘阴代出历史人物，起着推波助澜的激励作用。

行文至此，再站在远浦楼上看过去，罗子国可以想见，左宗棠、郭嵩焘的灵魂，早已潜入这块土地。刚毅的资江、激越的湘水、深沉的洞庭，三水交汇，给了湘阴奔出江湖的力量。而文庙，像湘阴眼中翻滚着的那滴热泪花，像读书人凭胆识与智慧，闯荡出湖时那热烈的滴落。静与流，历史与当下，永恒与瞬间，全被这生命最初的一滴，淌开来。

在远浦楼上，至今挂着清代湛道心撰写的联语：五岳惟衡麓，三湘独此清。在湘阴樟树港华法寺，醒目于眼前的则是这句：云气来衡岳，江声下洞庭。

衡山、岳麓、湘阴，云厚水大，波急浪高，源远流长深，从远浦出发，闯出了湖南人的江湖。

湖南本土流传一句俗话，一个人一生能不能有一番出息，全看能不能“出湖”（走出洞庭湖）。

湘阴澎湃着的浩渺江湖，是湖南人走进中国，跨进世界的第一道门关。

湘西气质：去黔城看菩萨

去湖南怀化市黔城的路上，我还在纳闷城名的由来。

遥记贾谊在《过秦论》里有句："于是废先王之道，焚百家之言，以愚黔首；隳名城，杀豪杰。"黔首即是黑发，这里用的是借代，指普通老百姓，相当于"黎民"。黔城的含义，最初大概就是"平头百姓聚集的城郭"。

黔城念上去像"虔诚"，有点佛家味道。在踏上这块土地那一刻，首先让人感受到这里的淳朴风气。湖南自古蛮荒之地，人心古朴，豪爽质直，黔城尤其如此。

追黔城风神，则重回大唐。公元748年，诗人王昌龄由江宁丞谪贬作龙标（今黔阳古城）尉。从秦淮河与长江交汇的荣华重地，载一叶小舟，风雨飘摇地来到湖南，巨大的心理落差，难言的情绪波涛，都被这位才华横溢的诗人用一管羽毛，举重若轻地一笔点平。

在沅江边一座楼阁上，这28个字，随漫长江水流淌，已过一千二百多年。今天登上芙蓉楼，依然可以读到诗人作下的《芙蓉楼送辛渐》：

寒雨连江夜入吴，平明送客楚山孤。

洛阳亲友如相问，一片冰心在玉壶。

一代高官，既寒又孤，全是屈原况味。但王昌龄完全不同于屈原的地方，正在于他处身开放豁达的盛世，言谈举止间有衣袂带风的大唐风骨。虽然内有无比的苍凉、忧伤，而形之于外，总是一种淡定情怀。不为伪装示人，只是心质的自然流露。

辽远的眼光，开阔的胸襟，浩然的气魄，让王昌龄没有再执着地放大忧伤，笔锋一转，反身求诸己：无为在歧路，玉壶见冰心。

这是他的寄奉，也是他的超越。

我想这种超越，大概是城与人在相互影响。怀化在湖南城市中最具男子汉气魄，黔阳古城激荡这种男人情怀，王昌龄当年一定是切身感受到了。如今置身其中，我感受到的，是王昌龄性格中的温婉，以及一种高贵的纯洁。他这种情怀，对楚蛮遗风造就的粗粝甚至毛糙的怀化性格，有着细致的完善与同化，如春雨连江夜入黔，润化无声。

“诗家天子”王昌龄简短两句诗，绵延如沅江水流，芙蓉楼因之赢得一个名称，叫“楚南上游第一胜迹”。

走下芙蓉楼，踏行数步，至中正门。石头拱门，其红如浸，穿门而过，进黔阳古城。

行走不远，见到牙行。我立时想到作家余华，他曾是职业牙医。导游小姐笑了，她告诉我：牙行是古代一些靠嘴巴吃饭的中间机构，相当于今天社会的中介。市场交换，牙行的人专门为买卖双方介绍交易、评定商品质量、价格。我有点纳闷，为什么不叫嘴行、口行？想来牙齿骨头最为坚硬，话一出口斩钉截铁，表示信誉度高。

黔阳古城历年代仍未衰败，至今里面仍住着些照常生活的大活人。一条取名老爷路，一条名叫中山路，两条商路丁字打开，构成古黔阳县的“官商路”。沈从文的《边城》里有个翠翠，曾有过“走官路”还是“走马路”，“要渡船”还是“要磨坊”的选择，这里至今保留着大湘西的陈年古迹。

黔城文化研究者谢永仲告诉我，你应该再去看看杨再思，一个被黔城人当作神话传说的奇人。

王昌龄到黔阳后第121个年头，时间推进到公元869年。这年，唐王朝衰微，杨再思降生。

杨再思的一生是一部传奇。唐代末期，王室式微，天下纷争，藩镇割据，黔阳县西南黔城南部一带，苗、瑶、侗族在杨再思的领导下，逐渐兴旺繁盛，组成一个以飞山为中心的民族集团——“飞山蛮”。后梁时期，杨再思据叙州的潭阳、郎溪一带，以拒马殷。公元911年，迫于形势，杨率领“飞山蛮”余部，附于楚，被封为“诚州刺史”，这一下取得合法地位，也挽救了处于灭亡边缘的“飞山蛮”。

附楚之后，杨再思励精图治，设立10峒，封杨族同姓散掌州峒，抚驭峒民。并以字派“再、正、通、光、昌、盛、秀”七字为等级，建立封建领土制度，推动境内民族团结融合。“飞山蛮”由此进入兴盛时期。

五代大乱，天下涂炭。独诚州兵民屯集，商贾出入，社会安定，人民安居乐业。马楚政权灭亡后，“飞山蛮”统治范围扩展到今湘西南，黔东南，桂西北。

杨再思团结各州，归顺朝廷，因治国安邦功勋卓著，被宋朝先后追封为威远侯、英济侯、广惠存侯、英党侯。他死后，湖南、广西、贵州三地边境人民追思他的德行，奉为神灵，尊为祖先，到处建造“飞山庙”祭祀。每年农历六月初六（杨再思生辰）和十月二十六日（杨再思忌辰），当地群众都会去“飞山庙”祭奠。

中国杨再思历史文化研究会顾问杨顺辉一路告诉我们，民间按照祭祀习俗，对杨公莫不虔诚崇拜，他们的崇拜不在儒、释、道范畴，而属于民间“巫傩系统”。在杨公庙里，巫师班演唱傩戏的锣鼓声常年不歇。侗乡每年正月初二，有抬杨公神像游乡的习俗；杨公到清朝中叶以后不但成为沅神，还成了群众的保护神。

这时有必要交代一下，我说的黔城，是现洪江市市治、旧黔阳县县治的所在地。

出了黔城，行数十里，就到安江。

安江最知名的人物就是袁隆平了，方圆数十里，从建筑命名到街头广告，无一不烙下了“袁氏稻作”印记。

“他是我们这里的米菩萨。”安江人这样称呼袁隆平。

在安江农校，四栋楼房，标点一样分段了袁隆平四十余年的历史。袁隆平在安江的第一居所，是座土坯房，举手可摸其高，抻胳膊可量其宽。但就在这样一所人不堪其忧的陋茅房，却产生了一位世界级的大科学家，成了今天家喻户晓的“神农”。

“袁隆平就是今天的神农。”怀化籍著名作家王跃文在一篇文章中曾这样贴切地形容过。

袁隆平在我的记忆里，最深的还在读小学时，那时社会盛传一句话，“我们吃饱饭靠两平：邓小平和袁隆平。”

有份资料告诉我，袁隆平发明的水稻南优 2 号，单产增加 20%，1973 年研究成功，1976 年开始推广。

有人计算过，袁隆平发明杂交稻，相当于一个人干了两亿农民的活。他的种子到今天共创造 5600 亿美元效益，只拿一个尾数，资产也与 2013 年世界首富比尔·盖茨的 587 亿美元相当。

但在安江农校时，袁隆平的月工资，甚至不到 587 美元。我看到他在研究杂交水稻第三阶段时的住房，边上有个数十平方米见方的游泳池。

袁隆平最大的爱好是游泳。他的这个游泳池，是 20 世纪 80 年代初，有美国专家要来安江看望袁隆平，当地政府为了展示爱护科学家形象，临时紧急修建而成。游泳池长过 20 米，宽过 10 米，今天看已有点不起眼，但在当时算得上豪华了。当然，这要放在安江的环境里看，撇开袁隆平的贡献去看。

意外的是，袁隆平的水稻实验基地还在。说是基地，长不过一丈，宽不越 10 尺，水泥方盆还在，玻璃棚大体完好。稍一想象，这尺寸小地，足以让人震撼。就这么一块巴掌大地盘，袁隆平像在大米上雕刻大象，冒着不可想象的困难与风险，一笔一笔，细致工整，居然大功告成。他的一个发明，改变了地球粮食格局，解决了数亿人饿肚子的难题。

试想一下，“米菩萨”在将来中国人心目中的地位，一定会高过神农。神农只是一个传说，袁隆平是真实的神农。

走出黔城，回头去想，一路所见，走马观花。

莎士比亚说，人是宇宙之精华，万物之灵长。凭着一路印象，我看黔城精华，最后也就落在这三个人身上。我惊奇地发现，黔城人对人最具概括力的褒奖，就是“菩萨”。

作为筋强骨刚、爱民如子的战斗沉神，杨再思被当作“杨菩萨”；作为屡败屡试，试验杂交水稻大获成功的袁隆平，被看作“米菩萨”；作为温婉重情、纯洁高贵的诗家天子，王昌龄还没有被奉作“诗菩萨”。

我想，在人人自发渴求与自然和谐，与社会和谐，与人和谐，自我内心和谐的时代，菩萨将逐渐升级。

杨再思靠暴力保证人的安全需要，袁隆平靠科技保证人的生存需要，他们都在人类最基本的需求层次上画了道保护线。但人的需求，将逐渐由低层次安全向高级的情感过渡。亲情、友情的集大成者王昌龄，我相信也会被黔城人供奉作菩萨。

菩萨有迷信色彩，有个人崇拜的元素，对于上几代人，他们可能会有阴影。我一路见过的黔城，留有大量“文革”遗迹，据说这里曾是“文革”最激烈的斗争地之一，这跟黔城人性格刚烈、霸蛮有关。今天这些遗迹，一齐成为一个时代结束的纪念品与见证物。

来黔城叫人想起敬畏：敬畏自然，敬畏前人。

湘东气质：到平江感英雄气

每次行走中国，我感觉湖南太小；而每次兜转在湖南，我又慨叹湖南太大。

我去过湖南多数地方，如今，因出了几部专写湖南的书，外省人都将我当作了“湖南发言人”。这个担子让我感到肩膀沉重，比方这次来到平江，我就感到所知太少。

我之前对平江印象，也就一个“将军县”。至于此地风土人情，历史掌故，则实在陌生。离开平江后，查阅才得知，平江县在春秋时归属于楚，附庸于罗子国，秦朝时被置罗县。到了汉末，罗县东部又被划作汉昌县，三国时又改名吴昌县。到了唐神龙二年（706），分出湘阴东境，置昌江县。有趣的是，到了后唐同光元年（923），为避庄宗祖父李国昌讳，昌江改成了平江。“平”字由来，因为县治周围地势平坦，江水在此平静无波。

行走在平江，朋友伍继延介绍，眼前这条江，处在汨水、罗水上游，也就是流传甚广的汨罗江。上游平静，理固宜然。但平江人并非胸中无波，而是涌动着波撼岳阳城的气势。这股气，有怨气，带正气，存杀气。

杀气之极，“将军县”已然传神。

中国流传十个“将军县”：湖北红安、安徽金寨、江西兴国、湖南平江、江西吉安、江西永新、湖北大悟、河南新县、安徽六安、湖南浏阳。湖北红安以产将数量而勇居冠首，但若论及文化，则湖南平江当仁不让居冠。因为哺育它的汨罗江，除了下游传投江而死的屈原，上游有老病孤舟惨淡死去的杜甫。

当年，屈原著《离骚》，即是带着离别故国的忧愁。忧患缠身的屈大夫，自叹“举世皆浊我独清，举世皆醉我独醒”，不愿随波逐流，一跃冲进万里涛，水葬于此。杜甫写完“三吏”“三别”，又沉重吟出《登岳阳楼》：

昔闻洞庭水，今上岳阳楼。

吴楚东南坼，乾坤日夜浮。

亲朋无一字，老病有孤舟。

戎马关山北，凭轩涕泗流。

时年，他 57 岁，右臂偏枯，耳朵失聪，还患有慢性肺病，全家在一条小船上，四处漂泊。病寂孤苦，土葬于此。宋朝王得臣见此，写诗叹息道：

水与汨罗接，天心深有存。

远移工部死，来伴大夫魂。

流落同千古，风骚共一源。

江山不受吊，寒日下西原。

屈原、杜甫，这两个中国史上的伟大文人，相继在这里忧郁、凄凉、愤懑、孤独地死去，他们或留下灵魂的气场，或进而留下后代，传播着一种让人郁结的叫怨气的文化。

我不知道这种怨气的文化，是否为沉淀出平江人好义、好杀、好战的心理基础。人怨则怒，怒则战。司马迁曾说，“西楚之人，其俗剽轻，易发怒”。这是湖南人霸蛮的历史基因记录。

天岳书院始建于清康熙五十九年（1720），一度是平江人学成文武艺的地方。这里成为平江起义旧址，缘于中国取消了科举，书院从私塾改成学堂，军阀战乱，学无可学，堂也不堂。

天岳书院可不是云南的讲武堂，它直接是平江的战场。低矮方正的四合大院里，隔成的小房子，曾经住满了彭大将军的战士，从今天的席板，依然可以看出兵士们生活的粗粝与简陋。

书院、讲武堂、战场，三者之间可以随意地转换，其实是完全的湖南气。

近代以来，湖南人一擅读书，二擅打仗。天下太平时就磨墨读书，天下大乱时就操刀上战场，书生与战士的角色转换，从来无师自通，速度之快，让人惊异。“上马杀敌，下马讲课”，湘勇团练创始人罗泽南经常是这样，护国运动领袖蔡锷在云南讲武堂也是这样。当书生专注于打仗，血流成河就变成了常态。

在平江烈士公园，数十万人的战斗，数万人的牺牲，碑石难以书尽。排排列列的将军墓，让我脑海里顿时冒出两句话："为有牺牲多壮志""一将功成万骨枯"。

而早在彭德怀前，平江本土出了个李元度。

咸丰三年（1853），三十三岁的李元度加入曾国藩湘军，充当幕僚，协助曾侍郎"辟佐戎机，调理营务"，深得赏识。据说，曾国藩在历史上几次著名的跳水自杀（湖南靖港、江西湖口），都是被李元度救起。曾国藩跳水本有作秀成分，李元度给他找了台阶，曾国藩自然心存感激，便上奏请赏，获得道员记名，加按察使衔，赐号"色尔固楞巴图鲁"之赏。巴图鲁是满语，勇士之意。后，李元度又任贵州按察使、布政使，励精图治，深得民心，终老于贵州任上。李元度年轻时科考不行，但做上高官后，倒也写得一手锦绣文章。

李元度一生的理想，是做清朝第一传记文学作家。但战乱时势，令他阴错阳差成了平江勇的统领。俗话说："兵熊熊一个，将熊熊一窝。"在湘军各大势力中，平江勇是最弱的一旅，原因是有好兵而无好将。咸丰十年（1860），李元度奉曾国藩之命驻守徽州城，守兵不到三天便全作鸟兽散去，导致曾国藩在祁门的前敌总指挥部被太平军团团包围，差点命丧黄泉。这直接导致曾国藩出离愤怒，上奏弹劾，李元度其后干脆脱离湘军系，重新组织八千平江勇投奔浙江巡抚王有龄，改名安越军。

《清史稿》评述李元度，最后有这样一句："元度文学之士，所行不逮其言，军中犹以宿望推之尔。"

这些约略让我们知道了平江其人、其事，却依然无法清楚地解释，为什么平江之地，杀气如此之重？

追寻之中，或许有一点是不容忽视的，就是这里处在江西、湖北与湖南三省交界处，所谓鸡鸣三省之地。而平江县城边的汨罗江，又为古代的平江提供了唯一的交通便利（前面说到的屈原、杜甫，当年就是坐船而来）。如此人流复杂之地，自然就生长出江湖的气息。

江湖气容易让人任侠使气。侠客出没的地方，正气裹挟着杀气，常常可见手起刀落。

湖南多丘陵，平江多高山。它有海拔 1500 多米的幕阜山，山腰浓雾缭绕，举目见不过三米，山顶青天白日，颇有点云南“石头长在云天外”的状况。幕阜山高过了南岳衡山，仅次于郴州莽山。而平江整个地理，与湖南湘西、怀化有几分类似。这种地理上的高山隔绝，人自然古朴，原始野性，有着生命本来的质地与色泽。

纯粹自然而清丽的生命，突然遭遇外来的文化，无论是主动还是被动、迎还是拒，都会与本土文化发生化学的而非物理的反应，这让本土文化质变为一种全新的东西。我的这种想法，在一篇叫《幕阜山人的世界》的长篇历史小说中得到了证实。

这部小说，客观描写了东方传统文化与西方现代革命思想在中国农村首次发生立体碰撞时期的幕阜山众生相。在幕阜山边，在这里的田野、山水、祠堂、村落中，党、革命、麦喀斯先生（马克思）、苏维埃政权、合作经济、自由恋爱社、安其那主义（无政府主义）等，崭新的充满诱惑的舶来字眼，在第一时间，到达被汉儒文化浸淫的湘鄂赣边境这块狭长地带。

新的道德观念与革命行为，对古老的社会秩序与生活方式，对东方社会基层政治结构造成的冲击，巨大而深远。民间由此产生了震荡、惊愕、彷徨和欢喜。

我猜测，这大约就是平江充满了动荡的江湖气与碟影重重的杀气的源头吧？毕竟，这里纪实的，正似平江作为将军县定名仪式的序幕。我在将军们的墓前拜谒时，发现他们多出生在辛亥革命后，逝于20世纪末。

但我依然无从得知，屈、杜怨气，是否于杀气有地域性格的遗传。或许，这与我跟平江人接触太少，而这是第一次去到有关。庄子说，我生有涯，而知无涯，诚然是如此。

从历史中走出来，来到号称“全球落差最大的漂流”的平江沱龙峡，整体落差300米，惊险刺激，这让人又偶然感受到平江那种自然原始的生猛之气，体会出一点什么，思考到一些什么。

今天的中国，已经完全告别了农耕时代刀枪大炮的倔强勇猛的英雄主义时代，而向着相对轻盈的工业化、信息化的高科技文明过渡。

在现代文明时代，人人相信个体有生存的权利，有自由的选择，有追求幸福可能的时代，昔日英雄正在遥远。

行走平江，英雄已不能复制，但可以供我们怀想。在这里，我们可以看到湖南人百年来的渐变。

湘东气质：进大瑶察工业

从浏阳市至大瑶镇，车一路穿梭，夏天的阳光，雨一样热烈地落下来；蓝天安静如练，倒映着的山水楼房，将人的目光放得遥远。我想用两个字描述此时、此地，脑海里蓦地跳出一个词：清亮。

2000年，我当时在做记者，因采访去了浏阳市。那时的感觉，就是整饬：大气、整齐、环保、清洁、理性。时隔9年，头一次来到大瑶镇，我有点惊讶地发现，这里已颇有点浏阳市的味道了。

我去过湖南绝大多数地方，对浏阳最早的印象，来自小时候一首《浏阳河》。这次在一家酒店的大厅，见到了一幅“九曲浏阳河”，写意而抽象，让我有点20世纪90年代的回忆。当车驶进大瑶，同时就看到了李畋。

出生于唐武德四年（公元621年）四月十八日的李畋，今天能看到的当然只是雕像。花炮祖师李畋矗立身影的背后，有人在放烟花。蓝天白云之间，一声爆响，几朵烟圈，水纹一样漫漶开去，做了云彩。一千二百多年来，李畋大约就这样看着后人，将他发明的烟花一次次放进天空。

当地人告诉我，李畋出生在今东风界李畋村，后移居大瑶路东村大和坪，后人在李畋曾居住的大和坪建“李畋阁”，立碑塑像，今又辟为“李畋公园”。园内香樟蔽日，竹林繁茂，古墙环绕，周围五县（市）花炮界的人士经常前往祭奠观瞻。李畋的足迹遍布大瑶、金刚、浏阳县城等地，人们故将这一带统称为“李畋故里”。这里在历史上就处于花炮产销的中心地位，蜚声中外。

浏阳籍诗人谭仲池在《星空的灿烂诗画》一文里说：

“大瑶乃浏阳南乡之重镇，毗邻江西，自古以来历为湘省鞭炮之集中市场，处于县城与金刚之间，亦为浏阳至江西万载、上栗必经之地，花炮业覆盖澄潭江、文家市等乡。民国时大瑶爆庄（即爆竹经销商）除自运出口之‘谦达利’及代办客货之‘瑞盈昌’两家外，尚有若干子庄，代县城‘永庆祥’等爆庄收货。子庄将文家市、慈化、上栗、万载所收之货物交‘永庆祥’或‘谦达利’等爆庄。”

“大瑶之鞭炮，春夏丰水季节雇民船经南川河入渌江，至醴陵阳三石换火车，秋冬枯水季节则雇挑夫、驴车送至醴陵阳三石，转运到汉口、上海、厦门、福州、广东等地；县城永庆祥号则将所购之鞭炮挑到县城，经浏阳河入湘江运至湘潭、汉口、上海等地。或销往广州，转运至新加坡、南洋群岛、孟买、秘鲁等地。”

我想，这大概就是李畋带出的在浏阳最早最大的一批湘商了。

我对浏阳人的印象，脑海里是谭嗣同。他是一个文武双全的人物，大气、豪放、猛烈、儒雅。作家李敖曾写长篇小说《北京法源寺》，将谭嗣同当作近代中国一流的大人物，推崇备至。

谭嗣同跟大刀王五结拜兄弟，武艺高超，三五人无法近身，他做起学问一般人也难以望其项背，一部《仁学》，够多少读者皓首穷经。

这样有胆有识、刚烈义气的湖南人，让我拿湘商的祖源之地洪江来做比较。

浏阳算不上“山蛮人野”，但有着怀化人一样的血性、勇猛。因为靠近长沙，它的“清亮”味道，更让人感觉到现代化的气息，以及工业化的理性。

浏阳同样也是胡耀邦的故居所在，朋友伍继延对他有着特别的感情，踏上浏阳的土地，自觉吟咏出一句：“古月今朝重邦耀，信心中国看湘魂！”

湘魂如风一样拂进大瑶，带着清亮的气息，这里的现代化和工业文明，已让湖南人色彩在过渡。作家韩少功在《马桥词典》里说，词语能改变社会人的心理结构。我想大瑶的城镇布局，也在改变此地的世俗生活、社会文明吧。

车沿着一小河，在大瑶的土地上行驶。朋友刘健亮给我们当起导游，他描画着仍在构想中的“十里画廊”。

张家界有闻名中国的“十里画廊”。那里两岸峡谷，林木葱茏，野花飘香；有奇峰异石，皆千姿百态；像一幅巨大的山水画卷，并排悬挂在千仞绝壁之上，溶进仙师画工的水墨丹青之中。

大瑶山水与张家界殊异，这幅“十里画廊”，芙蓉出水，一定别有一番风味，到时怕就是浏阳的“副中心”了。

大瑶一角一景，或许已让我们看见了在历史转型时期湖南工业现代化的背影。

湖南人在纽约

2010年10月某天，我突然接到一个朋友的电话，美国湖南商会名誉会长陈泰行从纽约飞回到长沙，约谈做个剧本。

交谈后方知道，美国湖南商会会长钟先生想拍一个电视连续剧，剧名暂取《湖南人在纽约》。

11月3日，钟先生从美国飞回。我到时已晚上9点，他谈性正健，正跟湖南卫视某个导演谈完一次环球飞行的策划。见面后他解释：正倒时差，现在对他相当于上午9点，精力旺着呢。

切入正题，电视剧怎么做?

钟先生说：故事肯定很丰富，每个去美国的湖南人背后都有一段奋斗史。我看这样：提供故事的主要人，我安排他们陆续飞回来，就在长沙见面，你逐个聊?

我觉得这样不错。但总得有感性认识啊，没一点生活体验，写的故事不走样，味道也出不来。

陈泰行也觉得有道理，说好分两次去。每次去多长？倒时差得半个月，一次去两个月，就像喝醉酒了在美国，酒醒了在中国，去了也白去。

谈好后，我说，我得先回去看看《北京人在纽约》，积点经验，找点感觉。

钟先生说：不用看了，你们以前上当了，《北京人在纽约》太假，我们在美国真实的生活，跟电视剧里不是一回事。

可是，那片子当年实在太火。收视率、影响力超高。记得在中国内地开播时，我还在上高中。我记住了一个刘欢，学会了《千万次地问》，那时中学生都以会哼这首歌为虚荣。这么多年过去，姜文、王姬、刘欢，还有那首歌，逐渐土了，老了。

自由碰撞

我之前对美国的了解，大致停留在《独立宣言》，欧·亨利、爱·仑坡、马克·吐温小说，好莱坞电影，克林顿绯闻，马丁·路德·金的《我有一个梦想》。

图书的了解，有几本书印象较深：白岩松的《岩松看美国》，刘瑜的《民主的细节》。再是写广义北美、狭义加拿大的一本，阎真的《曾在天涯》。

我一直很想去美国看看。除了异域吸引，我对美国的社会建设，比如白岩松提到的黄色校车制度，公共图书馆的公益开放制度，更加感兴趣。但真要去时，耿耿于怀的一点，是每个美国人都持有私人枪。

我想，如果一个美国人不想活了，你遭遇他(她)，不就刚好死路一条？那简直是铁定的。他（她）随手可以掏枪出来，将你崩了。

但在美国的湖南人这样解释：没那么恐怖，一般业余的美国人不爱好拿别人脑袋来练习枪法，治安也严，人人都有枪，毕竟他们也只拥有一颗脑袋。

但如果钻牛角尖：万一他（她）自己活得不想再活下去了呢？那就只好被打死了。据说美国每年都有3万多人死于擦枪走火。子弹面前，人人等价，乞丐、总统均不例外。这样固然尊重私权，但由此的麻烦是，别人的情绪，决定你的生命。如果某人活得不耐烦了，或者碰上恋爱被对象甩了，或者被领导批评得冒火了，城门失火，殃及池鱼，一枪将你带去见华盛顿。这种平等的背后，不是天大的冤枉？

照中国式思维，这样的假设，几乎就是事实。

难道你怕死了？朋友听了，困惑不解。

原谅我用中国人思维来思考美国的问题，我开始理解《曾在天涯》里的主角高力伟。刚到加拿大时，高力伟分分秒秒总将加币兑换成人民币来掂量：一加元，五块钱。换了我也会这样做。面对黑洞洞的枪，我首先想到中国人拿到枪，会怎么做。

不是怕不怕死的问题。湖南人根子里逞强好胜，面子心重，一旦血气上来，你才喊打，他就喊杀了；轮到你喊杀，他早去炸火星的路上了。湖南人比地球村内任何一个种族都不怕死。但男人有家庭，上有老下有小，活着不是为自己。更关键是：人要死得有意义，别人的情绪你看不见摸不着，一旦失控，你就得做冤死鬼。被冒失鬼杀了，他（她）本小人，你与之俱小，跟死条狗差不多。

在美国会遇到随时会被人突如其来要崩了的事情吗？真有。

陈泰行说了自己身上发生的一个故事：他 1983 年年初到美国那会儿，花了 350 美金，买了一辆高档二手小车（车已开过 10 万公里，一根油管坏了，方向盘特重，卖主不知道，嫌修理麻烦，人工费特高，便随便喊个价卖了），与妻子一起，晚上去赌场接妈妈。

初来乍到，为了降低房租，他已从纽约搬到了长岛（居然跟长沙橘子洲同名，“长岛人歌动地诗”，橘子洲以前就叫长岛），他不知道，自己已经从富人区搬进了贫民窟。在他接母亲回楼进电梯时，同时进来两个西班牙人后裔，一高一矮。

电梯合上的瞬间，西班牙人后裔眼明手快，啪啪啪从一楼一直按到顶楼。“我马上发现不对，才有警觉，枪已抵住了脖子。”陈泰行说。二楼电梯门开了。高个子夺路而逃，抢走了陈妻的包。陈泰行明白遭劫了，一把抓住逃跑不及的矮个子手腕。矮个子情急开枪，子弹打穿了电梯。陈泰行个子高大，一弯腰，将矮个子扛了起来，重重地摔到地上。陈母惊乱中报警，五分钟后，警察来了。

去警察局时，陈泰行录笔供，并从警局调出的厚厚一摞嫌疑犯中指认高个子西班牙人后裔。但他刚到美国，看外国人就像中国人看电视《动物世界》里的猴子一样，这个跟那个，还真差不多。谁都越看越像，最后自然谁都不像。看了半天，他没指认出来。

警员录完后，警告陈泰行：中国小伙子，你这样做太冒险了，下次碰上抢劫，抓紧将钱全部交给他，然后向我们报案。

陈泰行说，事后一想，有点后怕。他刚到美国，只是凭湖南人的本能，根本没有想美国人每个人手里持的都是真枪，抢劫犯也不例外。

正因为这样，美国不鼓励见义勇为，他们反对见义勇为。有些乞丐也持枪乞讨，他问你要多少钱，你得乖乖给他。如果讨价还价，把对方惹毛了，他掏枪吓你，不慎走火，响一下你就没了。电影《刮痧》中的男主角就是这样，在平安夜里被乞丐持刀逼着给抢光了。

社区的保安呢？楼栋的保安呢？我疑问。

陈泰行说，他租住在长岛的楼栋，一个楼长保护50户。让他哭笑不得的是，这里是贫民窟，楼长因为缺钱，配不起枪。陈泰行意外从抢劫犯手中抢到的那把枪，楼长要了，如获至宝。他很客气地感谢说：有了枪，从今以后，我就可以好好保护你们了。

这个故事让没有亲历的中国人都会感到有点惊悚。或许第一次接触，都会感到有所夸张。可以肯定的是，鼓吹个性与自由、私权神圣不可侵犯的美国，不至于人人时时生命危险；而且，人人平等的人人自危，久了人就麻木，习惯了这种危险，也就不称其为危险，而成了相互监督的手段。这大概是美国人宁愿放弃安全，也要保护私人持枪权的原因。

明白了这点，就理解了为什么美国人相互见面都客客气气。

制度碰撞

对于知识分子来说，关于制度方面的文化差异呢？也不是没有。

美国是一个以制度起家而又以制度闻名于世的国家。当年13个联邦从英国脱离出来，就是以各邦维护各自最大自由，消极联合成美国而设计宪法的。这让美国的民众一方面固然拥有最大限度的自由，但同时对侵犯自身自由的地方，几乎都到了过敏的地步。他们头脑里冒出来的第一个反应，是别人是否侵犯自己而违了法？他们请律师比上厕所还勤快。动不动跟你论理、打官司，法律文件、制度规定，看得人脑袋发麻。

美国是律师的天堂，但不是打官司的天堂。美国人一天也离不开律师，但他们又都最讨厌律师。有一则笑话，一位医生，一位教授，一位律师死了以后，一起到了天堂。给医生和教授开门的是天使，而给律师开门的是上帝本人。医生和教授都不服气，就找到上帝说，为什么你对律师那么尊重呢？上帝回答："他是有史以来第一个来到天堂的律师，我当然要亲自迎接挑战。"

笑话就叫《受尊重的律师》。

律师凭借他们的理性，要挑战代表信仰的上帝的权威，可见美国民众对他们有多恨。

传统中国都不习惯制度，而强调道德与自律。因为孔夫子有言在先："道之以政，齐之以刑，民免而无耻；道之以德，齐之以礼，有耻且格。"湖南人天性向往自由，对制度更加不愿遵守。所以两千年来，湖南只有桃源县出了一个宋教仁，醉心制度建设。

陈泰行老家湖南古湘乡，地处湘中，出过曾国藩、毛泽东的地方。他的祖辈早年参加湘军，跟着曾国藩打仗，发了财，由此开启了一个家族的兴盛。但父亲死得早，母亲后来移民美国。陈泰行 20 世纪 80 年代初跟着母亲，也移民美国了。

尽管去乡离国三十年，他的身上，湖南人性格依然明显。

我再给大家讲个故事。陈泰行说：我刚买了车那会，春节到来，家人从中国返回美国，我去接他们。

当时还来不及办驾驶证，他开车带家人上了高速。因为车速低于限低标准，后面警车追了上来，对他亮灯，示意加速。

陈泰行领会错了，以为交警找他有事，便嘀咕一声，干脆靠边停下来。交警很客气走过来，交谈几句，说明事由，明白了，他又开车。不想重新启动，发动机坏了，打不动引擎，只好求助。

刚好有现成的交警。交警说：我们帮你拖回去，请出示一下驾照。陈泰行一听，糟糕，还没办呢。便谎称忘家里了。交警说：请给我到你家的地址，我护送你们回去拿。这下再瞒不过，只好老实交代，交警当场开了罚单。数规并罚，乖乖，400美元，比买车还多出50美元。交警收了钱，又很客气地将一家人义务送回，车就停在那儿。

这多少让人感到意外。照中国人的思维，你无证驾驶，已属违规，交警很生气，后果很严重，他不可能还客气护送你。但美国人理性到一码归一码，他们的个人情绪，不会带进公务中来。

第二天一早，陈泰行打计程车来，将车开回，本想先检修一下，不想一打却又启动了。原来，这辆二手车有个毛病，引擎冷却几个小时，又可以恢复功能。只是，这个意外的小故障，让他当初便宜捡辆车，却在后来又付了多出一倍的价钱，让人啼笑皆非。

这个故事有点滑稽，与国内比起来，甚至有点古怪。

如果说，陈泰行身上发生的故事，能让人发现美国制度十分理性，完全程序化，是刚性与人性化并存，钟先生则用自己的亲身经历，告诉了我另一个真实的美国：拖沓、慵懒与龌龊。

钟先生老家在湖南湘阴，跟左宗棠、郭嵩焘是同乡。他定居美国十分偶然。20 年前，他在岳阳政府部门工作，做专职翻译。一次随同政府人员偶然去美国考察，他选择留下来，虽然到后才发现，自己专业的口语全是纸上谈兵，需要用时，实在无法跟美国人交流几句。

既然决定冒险留在美国，他还得回中国补办签证。表格交到美国移民局，规定办理的最后期限将到了，他抽假去拿。戏剧性的情况出现了：移民局也不知哪个环节不负责任，将他的表格居然弄丢了。

在中国办理好的签字，只好自己重新“代签”。但根据规定，“代签”是无效的。移民局那个吊儿郎当的办事员，告诉他不能“代签”，推脱不能办理。要命的是，这已是办理期限的最后一天，再不签字，就要作废，自己又得回中国补办。只是这补办的来回费用损失谁来买单？移民局当然能赖则赖。

这真是一个叫钟先生感到左右不对的选择，但又必须选择。双方争执了一阵，钟先生说不办他就找律师了。只要办理人一告，移民局就将被认定失职。渎职罪在将职业精神看得神圣的美国，当然也是很严重的罪过。

怎么办呢？最后，移民局那个高傲的办事员，接受了一个馊主意，睁一只眼，闭一只眼，叫钟先生就在他眼皮底下“代签”成功。签证这样还真办了下来。

人的惰性，人办事中的拖沓、慵懒与龌龊，是人天性的部分，最完善的制度，也只能预防、警示、惩戒，不能做到完全消灭。人性善恶是相通的，美国人不只是有阳光的一面，他们也有夜晚漫长阴黑的那面。如果美国人不比中国人拖沓、慵懒，那么他们的社会一片祥和，律师岂不多数待业家中，社会都鼓吹他们要上天堂了吗？

社会碰撞

跟在美国的湖南人一个接一个聊天，我逐渐意外地发现，他们并不觉得美国就多么好，也并没有国人自己认为的那么差。这或许是他们跳出中国，美国带给他们的遗憾，中国带给他们的思乡，两者有一个反向的接受：完全熟悉的美国，让他们有某种厌倦；日益陌生的中国，勾起他们的某些回忆。虽然，他们自己已被美国同化，身上带着浓郁的美式风味，中国味已蜕变成中国杂交味。

尽管如此，一些价值观的差异，还是折射到生活中来。

钟先生问起我的家庭，我说，妻子正在中南大学攻读博士，过段时间才能毕业。他哈哈笑起来，说：在中国都以妻子读博士为荣，在美国，这就成了骂人的话。人家骂人时才会说：你妻子在读博士呢！

我多少听得有点惊讶，他可能看出来了。

在中国读博士，目前基本上还都是在寻求一种谋生手段，但美国不存在为谋生而读书。谋生在美国不成问题，即使拿社会保障金过生活的人，他们都跟在工作的教授差不多。金钱的诱惑与优越感一旦消失，博士的缺点就出来了：一个女性博士，给人第一印象是不会生活，换成中国式表述，叫“灭绝师太”。

这对于崇尚自由，追求享乐的美国人，无疑是个扫兴的选择。

据说，以个体文化立国的美国人，是一群特别会享受的人。享受养成了他们西部牛仔式的热情、自由、奔放，我行我素。完全自由的享受，需要大钱，所以他们虽然不差钱，但都需要钱，也最看重钱，因此崇拜钱。

美国人追求金钱，造就了美国文化的另一种特色，姑且名之“集钱主义”。在集钱主义的诱导下，美国人最佩服的对象，不是学者、教授，不是作家、总统，而是体育明星、电影明星。至于理由，用中国纵横家苏秦嫂子的话说，“以季子之位尊而多金”。这对视道德、文化为人安身立命之本的传统中国人，无论如何都已经是大逆不道。

有钱就有享受，有享受就是爷，也就得受追捧，难怪里根总统也做过演员。体育明星与演员最受美国人追捧，因为他们收入最高。电视剧《北京人在纽约》，将美国人对金钱的奋斗欲渲染到了地狱的程度，看来不是空穴来风。

听到这时，故事丰富了，内容也多了，比较也深入了，我多少有点信心了。但谁来拍《湖南人在纽约》呢？有人建议冯小刚。冯小刚的电影，我差不多都看过，平民化，充满了生活小智慧，包括狡黠，背后打上文艺的底子，带上人性温暖的感动，让人轻松一笑中接受，传播开来。

美国好莱坞多年来是中国电影的滑铁卢，固然有前面说的文化差异原因，但中国许多导演搞不懂电影是什么，拍得很高深，像在菜市场谈哲学。其实美国大片没有一部不简单，简单的功夫做到极致，就是绝招。冯小刚是中国在菜市场谈菜市场，在哲学谈哲学的导演，因此他票房不错，口碑也好。

钟先生说，冯小刚跟我熟，他到过美国几次，一点架子都没有，我下次专门去找他谈谈。

听也听了，想也想了，那么，《湖南人在纽约》的落点在哪里？我一时难以确定。

写情？有亲情，有友情，有爱情。爱情最动人，但《北京人在纽约》做过了。

写根？哪条根？异域湘人对湖南土地的眷恋？他们对落叶归根的终极寄托？这太俗套。

写文化激烈碰撞与交融？湖南人独立、霸气、勇猛、智慧、冒险的性格、奋斗的欲望与美国人强烈的独立个体意识以及骨子里散发出来的自由气息的剧烈冲突与全新融合？

湖南人的独立意识与自由天性，与美国人还真有几分接近。可是，我没去过美国，道听途说而已。

随后，陈泰行先生为了让我加深了解，在长沙安排了一次聚餐。美国湖南商会的几位异域同乡，以及湖南省内的一些文化人、商人、官员，在一起交流。这是一个非常奇特而有趣的组合。

一位来自湘潭的政协委员说：我跟美国人打过不少交道，说实话，美国人在我看来，太笨了！他们的反应都很慢，智商不高，内心过于耿直，根本跟不上你的思路。他断言：如果单打独斗，三个美国人加在一起，都不是他的对手。

说到后来，大家完全达成共识：就单个人而言，一对一地比较，美国人跟中国人，至少差了一个重量级，美国人跟湖南人比，还要另加两个。

问题是：为什么美国经济比中国发达？

政协委员说，根子出在中国人普遍聪明，而湖南人最聪明。你想想，聪明人跟聪明人在一起，能干什么呢？相互设防，相互算计。彼此算来算去，社会成本非常高，也不可能团结起来；而美国人虽然看起来比较笨拙，但他们按部就班，照着已有的模板做，傻瓜都会做，只要坚持做完，就成功了，换谁都可以做出成就来，这有什么了不起呢？何况，美国人并不见得个个都是傻瓜，总有个把跟我们一样聪明的人。

这大概是说到了点子上，当然也打破了人种的迷信。不要迷恋美国，大国只是传说。美国如果真有那么神秘，也只是中国人的想象，就像美国人中不少也想象中国这个东方的国度有多么神秘甚至神奇，然后不远万里飞来，走一走、看一看，一样。

如果美国人跟中国人甚或湖南人谈文化，全世界都要笑了。兵马俑随便找块泥巴，美国人拿起来欣赏便要数典忘祖；岳麓山上随便找块墓地，白宫看了也会感觉生不及死。据说，克林顿做总统期间，曾要求下兵马俑墓穴摸着马屁股拍照，中国媒体马上立照为据：克林顿拍中国的马屁。玩笑背后，未必没有美国人不能问“爷爷的爷爷是谁”的意思。

今天中国对外国人的吸引力开始大于美国，这是事实。东方文化的魅力，让世界各地的人慕名而来。

在纽约的湖南人，带给我们一些在比较中看清自己，预见中国未来的启发。

第二章

反思湖南人

断了退路的“于斯为盛”

“惟楚有材，于斯为盛。”最早听说这副对联，是在读高中时。其时，教我语文的先生，学问多，胆子小，每念及这句，就呵呵笑着摇手，让人搞不懂是褒是贬，又为何这样。“惟楚有材，于斯为盛”，不就是说只有楚地（湖南）出人才，而现在这地方特别多、最兴盛吗?

后来才发现内涵确实有点复杂。因为这八个字有许多种翻译。最常见的翻译：“楚有材，斯为盛。”“惟”与“于”都被虚掉。照这个翻译，还可以继续“虚”下去，就成了“楚材，斯盛”：湖南有人才，现在很兴盛。这等于一句废话，全中国哪个省没人才，现在不兴盛?

这副对联的出名，让世人都耿耿于怀，却还是那八个字。最要紧的又是“惟”字。

我想最先标榜这句话的祖先，发明时还颇费了点心机。照湘人性格，急流猛进，敢为天下先，除了“只有湖南这地方出人才，而现在这地方特别多、最兴盛”的翻译，还真难做出别的什么解释来。

这一句传出去，不得了，全世界都知道，湖南人才傲气且霸气，将楚地以外，全都抛到脑后，我行我素，做人有这样说话的吗？

有人就很不以为然。两千多年前，老子发明“敢为天下后”，告诉别人做人做事，都要磨磨叽叽，偷偷躲到后面，一旦被人发现，也要勇敢站出来，大声告诉别人：天下后光荣，天下先可耻。这是中国最早的“先耻后荣观”。它让勇敢的人脸面丢尽，无路可逃，恨不能找地缝来钻。

我至今仍没弄明白，湘人祖先写对联时，究竟是一时意气，大笔书就，还是反复斟酌，大气写成？

以湖南人的智慧，既然倔强地昂头，要做枪眼里的出头鸟，未必老祖宗就不曾想：万一湖湘子弟后继乏人，这副对联将成为令人耻笑的把柄，陷斯人于万劫不复？对联骄傲的背后，动力实在强不过压力。

老祖宗既然想到这点，唯一可能的理解是：不想给后继子弟退路。男儿努力，不能蔚为万夫雄，那还能怎么办？就去死吧。只许成功，不许失败，意气之下，封了退路。

这倒是符合湘人性格：吃了辣椒铁了胆，霸蛮到底，自己撞死在南墙，后继者接着来撞，愚公死了还有儿子，儿子死了还有孙子，子子孙孙无穷匮也。

湖湘子弟凡英才者，百余年来，几乎都云集到了山下。岳麓书院高悬的这副对联，用批量的中国大人物做了底气，让来朝拜者都不敢发出半点嘘声。然而，这仅仅解释了“惟楚有材”。

“于斯为盛”呢？果然，到了今天，这副对联越来越成为一种泰山压顶。

回望老祖宗，喊出“惟楚有材，于斯为盛”八个字，本身就有点边缘心态。在中原文化竞争下，湖湘文化也基本上一直没能成为主流文化。

湖湘文化地域之根，或许正是生于三面环山，一面朝水的潮湿环境。虽然近两百年来，湖湘子弟都纷纷切入主流社会，做着主流事情，但文化一直处在边缘，虽然湖南最立得住的，数到最后也只有文化。

属于湘人的政治时代已经过去，而经济开始显出湘人的短腿。于斯时，唯一能继续扬眉吐气的，还是文化，譬如电视湘军。魏文彬先生在哈佛大学演讲时说到“惟楚有材，于斯为盛”，也道是动力也是压力。如果压力大到成为阻力，对联就仅仅是先辈对后人的一种期望。

再次面对“惟楚有材，于斯为盛”，如果祖宗早年掂量来掂量去，前怕狼后怕虎，别说这句话，连敢为人后都做不了。但这不是湘人，它太不洒脱和干脆。如果“惟楚有材，于斯为盛”一直这么高调、盛气凌人，那么湘人都头撞南墙，断子绝孙了。

易中天说长沙人，一是霸蛮，二是灵泛，三是潇洒。

无论是自称为斯巴达还是普鲁士，都只是一种气势。湖南人称雄天下，气势之根在智慧。老子说，知人者智，自知者明。湖南人知己知彼，在达到目的的方法上，思维之灵活迅速，恐怕是人难比肩。这就是古人说的“道术相生”，或者用左宗棠的话说，“以术运经”。但智慧不等于成就，这是“惟楚有材，于斯为盛”目前最尴尬的。

今天，面对“惟楚有材，于斯为盛”，作为湘人就会感到，在历史不停歇的长河里，生命就是一场无停歇的接力赛。人永远处在竞技场上，明知场上没有永远的优胜者，是非成败转头成空，但湖南人只想做永远的优胜者。大气且意气的祖先，早已以笔为旗，霸蛮地一声呐喊，潇洒地断了后人退路。

雄关漫道真如铁，而今迈步从头越。

湘商的出路是不与人斗

湘商对湖南人来说，是今天最救命的一根稻草。用朋友伍继延的话说：它关乎湖湘文化的生死存亡。

2007 年 9 月，伍继延请我修改《湘商宣言》，我是一字一字地看。湖南首届湘商大会到来，宣言要飞遍中国。伍继延老兄对我说：这份宣言在划时代，铁定要进湖南历史。

宣言至少预示：湖南人靠打仗、靠做政治辉煌的时代，已经告一段落了。

在晋商、徽商、粤商、浙商等无数个商帮兴盛数百年后，湘商概念才欲抱琵琶，姗姗露面，这发生在号称“敢为天下先”的湖南，无论如何让人觉得不可思议。

湖南土地，事实上不缺商业基因。最早的湖南商业，兴于春秋楚国时期。当时土地私有已经合法化，农业、制盐业和关税制度，都有国家的调控和规范。只是后来，不知怎么就断了脉。这一断，让鱼米之乡的天下粮仓，发展两千年后，居然成了中国经济不突出的省。

湘人现在正找湖湘文化性格的麻烦。翻来找去，实在也不好找。湖湘文化核心讲实事求是，商业正要实事求是；湖湘文化谈经世致用，商业正需经世致用；湖湘文化敢为天下先，商业正是敢为天下先。问题是：这么好的文化做底子，为什么湘商到今天还落后于人呢？

这一问就触到了湖南人性格中一个十分敏感的部位：独立而无复依傍。

湖南人个人独立意识强，火星人都知道。因为独立，所以个个以为很了不起，个性倔强、孤傲、不让步、宁死不低头。但人与人在一起，没有两个能同一个鼻孔出气。

人与人尿不到一个壶里，又不服人家，怎么办？最便捷有效的方法，就一个字：斗。

湖南人好斗，世界上出了名。天、地、人都可以拿来斗，不顺眼的都斗光了，按鲁迅的说法，这世上配活的人怕就有限。侥幸还没被湖南人斗死的，怕早就避而远之，逃到爪哇国里去了。

由此可见，好斗用于战争，自然求之不得；若用于生活，就让人瑟瑟发抖；再用于商业，普天之下，只怕已没有一个朋友。

一个时代有一个时代的主题，那个时代是斗争的主题，但今天还老拿斗来炫耀，就十分无聊，甚至可恶。但今天有些湖南人颇不能与时俱进，他们个个精力旺盛，还在意气风发，斗志昂扬。

中国商帮早已臻于成熟，湖南人开始被警世钟敲醒，猛回头步人后尘，拾人牙慧，虽是亡羊补牢，倒也犹未为晚。

话“湘商文化”正当时

2009年5月27日，端午前一天，湘商去寻祖。沿路高速，行到怀化，山多起来，连绵如涛。一路穿山越洞，待看到怀化城，我头一次发现，原来它只是山林凹凸之间绵延的一曲波涛。山清水秀之所，山蛮人野之地，我蓦地想起《蛮商怀化》。曾经是想象中的情景，眼前没有多少分别。

5月28日，正是端午。怀化天空，淫雨霏霏，置身沸腾的洪江古商城，空间在这里静止，但时间却忙碌起来，眨眼之间，古今千年。我仿佛看到在沅江划一叶扁舟而来的屈原，正在向远在岳阳楼忧虑望天的范仲淹有话要说，他们都像电影底片一样闪过；再看眼前是湘商寻祖仪式，岳阳人伍继延正捧读《湘商洪江宣言》，是尽人皆知的“心忧天下、敢为人先、经世致用、兼容并蓄、实事求是”。

宣言所及之阔，到处人头攒动。洪江的儿女，一双双投注的目光，一条条勤快的腿脚，冒着霏霏之雨，自发赶往前来，穿梭在500年的时空，再演500年的繁华。

我刹那间想到：人在许多时候需要一个仪式。仪式只是一个形式，但这是一个有意味的形式，它的价值大于内容。就像人满 18 岁要宣誓，因为除了举手宣誓，我们已找不到更好的方法。湘商寻祖也是一个仪式，湘商要宣告自己成人，要向中国发出自己的声音，唯一能做到的，就是举办这样一个隆重的祭祀与寻找仪式。像雨天在洪江划过一道闪电，中国都在急剧抬头，同时都看到了湖南。

曾盛极中国的湘商，密集交错在明、清的时间，在今天 20 余万平方米的洪江古商城空间，创造了寺庙、会馆、钱庄、油号、洋行、作坊、店铺、客栈、青楼、报馆、烟馆。江水泱泱，青山苍苍。时间如沅水流逝，空间如青山巍峨；昔日湘商乘水而去，今天湘商穿山再来。

5 月 29 日，在湘商高峰论坛上，伍继延笑着说：今后关于“到底有没有湘商”的争论，现在可以宣告已经结束了。

一个虽灿烂但古旧的结束，常常宣告一个新的开始。中国资本主义萌芽时期的活化石不是贾宝玉胸前挂的宝石，被磨洗后我们看到的也不是《红楼梦》，而是“中华商业文化大观园”。大观园里人们已进历史去，湘商文化正含苞待放。

如今有了现代湘商，到底有无湘商文化，到底是否需要湘商文化，湘人无法避而不问。在湖南的历史上，有曾国藩会打仗的文化，有毛泽东善政治的文化，有洪江能商善贾的文化。但只有能商善贾一直被忽视掉了，至今还没有成为一种文化。

伍继延在论坛上说：湘商如今最大的资本，就是湖湘文化。千载而后，今天的湘商，能留下的大概也只有文化。就像昔日洪江古商城，固一世之盛也，而今安在哉？不过础石几片，残垣数尺，财富悉数全空，幸还留下文化。

在湖南不变的青山绿水里，人是时间的过客，历史的过客，文化的过客。钱财止乎饱暖，荣华止齐己身，不能上升为文化，财富即使巨多，也没多大意义。一个少女可以歌唱她失去的爱情，一个财奴却不可以歌颂他失去的金钱。用伍继延的话说，湘商不是赚钱的机器。“湘商文化”随商而生，已成当下迫切的话题。

将伍继延称作“湘商文化”创始人，是因为之前有几个说法，譬如“湘商文化的倡导者”“21 世纪湖湘文化的建设者”。在我看来，第一个说法太泛了，谁拿个传单，往街头一发，不就是倡导吗？后者更不靠谱，21 世纪是个大而空的帽子，相当于问一个人：哪里人？答：地球人。

到底什么叫湘商文化呢？

这个概念确实不好回答。但生活中无数事情，行动之初，都是难以用概念确定的。对湘商文化来说，最重要的是，湘商存在了，他们行动在前。

概念是否可以先行或同行，有时也是需要考虑的。比如说：湘商是否可以不提概念？因为商业是干出来的，不是靠喊口号能得来的。这句貌似正确的话，有个要命的漏洞：湘商首先是个商帮。就具体的、个体的商人来说，他们是干活的；但到了商人与商人之间，他们多是一种沟通、共享、支持、互助。这些都是形态的，而不是基础的。

“现代商会”最根本的作用，是团结一群商人。湘商文化，就是围绕这些人而展开的文化。团结是凝聚，它的着眼点是世道人心，概念的作用，是鼓舞，是凝聚。或者对晋商、浙商来说，他们更习惯于敏于行而讷于言，没有这个概念无所谓。但至少提出湘商的概念，最切合湖南人的性格，包括他们的行事风格。每个现代商会都有自己的风格，概念先行或同行，在很大程度上符合湖南人风格。这本身就是文化的继承与延续。

其实，湘商到底是湖湘文化的一个新分支，还是它的一个转型？如果是转型，它将是一个很大的文化命题。草鞋没样，边打边像。但有一条是肯定的，“湘商文化”是行动的文化，是干出来的文化。昔日湘商“一个包袱一把伞，跑到洪江当老板”，这是他们传奇行动的真实写照。

今天“湘商文化”站在时代的起点，对湖湘文化必得有改造。惯于心忧天下的湘人，今天的当务之急，也许不再是“身无分文，心忧天下”，还是先做大“湘业”，做强湘商，再“心怀天下，心忧天下”。

寻祖已就，湘商脚踏实地，不凌空蹈虚，不闭门研究，用行动去写，一个全新的“湘商文化”，必将脱颖而出。祭祖之后，再祭起“湘商文化”，让更多的人参与进来，才可望如廖进中教授所说的那般，“天下湘商”们集合起来，“湘商”大旗飘扬起来。

桂林看山水，湖南说人

与湖南邻隔最近，又性格反差最大的，莫过于广西。

说到广西，没有人不知道桂林。印证桂林完美无缺的，是她的山水民谣。我懂事时起，就听来“桂林山水甲天下”一说。

桂林山水冠盖天下，高山仰止，景行行止。立于阳朔，脚下漓江清且涟漪，抬眼四周群山挺拔，想确切地知道她的形容，脑海里浮现四个字：奇山秀水。

山奇水秀的桂林，以其天然的美轮美奂，绝妙声誉天下。桂林亭亭于广西之中，她天然的山水，让邻居的湖南，怎么也望尘莫及。也就在同时，我看到了它们的分别：广西四处是奇山秀水，她闻名世界的，是又只是她的山水；湖南无一不蛮山野水，她瞩于目世界的，从来都仅仅是她的人。

桂林的山，一个一个地独立，虽然姿态各异，但大小、高矮平等，都十分规矩，像月亮山也只一小缺，它也没有长城险。与南岳山对照看来，这里山峰有主有次，等级分明，群山连绵，一托就是八百里。说桂林的奇山是裙裾飞扬的舞女，南岳的蛮山更像是力能扛鼎的猛男。奇山可亲，蛮山可畏。一奇一蛮，大约正是广西与湖南的山的分别。

漓江的水，宽却无浪，浅而且清，让我想起徐志摩笔下的康桥，油油地在水底招摇，那情那景，如此契合。与此对照，湘江那里水宽又急，深而且浑，大江北去，层林尽染。

将漓江的秀水比作女人一头长长的飘发，湘江的野水更像是男人一双有力的推手。秀水可人，野水可惧。一秀一野，大约又点出了广西与湖南水的不同。

以山水冠于天下的广西，千百年以下，一切风吹云过，最后依然留下着山与水，至今被人称道的还是山水。而湖南虽则蛮山野水名满世界，但山水之中，依然不乏清秀，这些蛮野清秀，都一直被天下忘记，除了那些密密麻麻刻在历史雕版上的伟人、名人。

对比之后，我突然感到诧异。因为我终于发现，原来在蛮野的山水之里，更能开出惊艳之花。

与广西奇山秀水类比，湖南不仅是蛮山野水。这个三面环山、一面临水的蛮荒之地，从屈原被流放到此地起，到一代一代移民迁徙而来，一直是抑郁之魂缠绕。两千年来，湖南人自卑、自尊、自傲，水火不容的性格，就一直矛盾地缠附一身。湖南大学那块自卑亭，虽被解释成“行远必自迩，登高必自卑”，但我更相信湖南人用了它的本义。

几千年来的湖南人物，性格中大全大缺，无一不是傲慢与偏见。自卑、自尊、自傲，与之一脉相承的火辣。火辣是力、勇、猛，是灵气、灵泛、灵巧。山之刚，水之柔，理性与感性，全被这一字提起。抽掉了辣，便是抽去了湖南人的根。

也是一根辣椒，让湖南菜出全了味道；但在桂林，它的辣已没冲劲儿，居然有了甜味。我突然感觉到，就我所接触的桂林性格，就像他们桌上那道菜：你很难挑出它的缺点，说它到底哪里不好，但作为湖南人，只是觉得它不难吃。同样的比喻是，桂林性格印象，就像行走街头的桂林女子，任何一个，你挑不出她哪里不好看，但你绝对难违心夸她漂亮。

感觉就是，生活在这甲天下山水之中的人，似乎总缺少了点什么，像曲完全符合技术的音乐，好听，但又不能被其打动或感染。但你却又始终找不出缺了什么。

他们以为骄傲的艺术，也逃不了这一感觉。像《梦幻漓江》，将山水之美、之魂，都一一给你展示出来。一切起于展示，又停留在展示。一以贯之，像一座没有起伏的山峰，像一篇没有高潮的文章。即使张艺谋导演《印象刘三姐》，他也认为你必须现场来看。这也正透露，如此大导，如此大片，脱离当地的天然山水主打，它又变得一文不值。换句话说，人始终是自然的一个陪衬。

我突然变得有点不能忍受。虽说是万类霜天竞自由，但我总感觉桂林人有点暴殄天物。虽然我知道这是湖南视角的偏见。

我甚至知道，你还可以有一万个理由为桂林人叫好：或许他们一直是人与自然和谐的先锋。几千年来，他们都不像压抑的湖南人，性格那么火辣夺人，生活那么大起大落。他们从来被自然的美好陶醉了，同化了，融化了，他们的内心与他们的生活，一直就那么四平八稳，无风无浪，和谐平静。他们拥有着天然无朋的自然，他们安然躺在自然的怀抱里睡觉，有点自得，有点悠闲，有点乐不思蜀，像极中国儒家的中庸。而这一切，已经流传为一种地域性格。

我知道很和谐很美好。但掠眼而过，奇山秀水之中，山水主宰了人，一切人的轮廓，居然那么若隐若现，柔弱无力，在我的偏见看来，很难接受这貌似完美无缺的性格。

莎士比亚说，人是宇宙之精华，万物之灵长。我更愿意看到，哪怕有缺点的山水，哪怕你能找出有缺点的人。

对比后我们发现，湖南人正是这样一群“傲气且霸气，傲慢又偏见”的人。这又注定他们天生的性格中，存在巨大的漏洞。

桂林倒影湖南人

湘江之水天上来，奔流到海不复还。

在天上接壤人间的一刹那，第一颗晶莹的水珠，就结在白石乡的某座山。珠珠相融，集结成涓；万涓成水，化作溪流，跳跃山涧。在一座叫湘江源的灰石前，这束环手抱围的清流，滋润了湖南6900万人的生命。

顺着我们的足迹，你可以发现，这是一个叫桂林兴安县的所在。

因了这源生于广西的水流，在时缓时急、时直时绕的不息昼夜中，湖南与桂林亲近了地缘。

从人烟稀至的源头西流十余千米，在白石乡喧闹的地方，环手抱围的清流，已淌开逾五十米，初步见出湘江气象。水流激越，水面清浅，浪花灵动，让人想起《诗经》中一句“河水清且涟漪”。

与几曲回环渐至雄浑，浩荡北去的湘江比邻，漓江清澈透明地倒映着河岸的银杏、金柳，如夕阳中妩媚的新娘，唱着未经雕琢的山野人歌，哗哗啦啦南入珠江。我北你南，各行其是，生命之水融合你我，靠一条灵渠。

在中国土地上静流了两千多年的灵渠，将湖南与广西的渊源，翻到了历史的扉页。那上面如果有文字，一定也类似“君住湘江头，我住湘江尾”的诗句。

一条湘江，一款漓江，一沟灵渠，湖南与桂林牵连人缘。

但正如广西与湖南是两个气质完全不同的地方，桂林城之于湖南人，从城到人，从人到城，也多反其道，相映成趣。

《桂林看山水，湖南说人》一篇，比较的正是那些不同。但今天有谁能想到，因为地缘的贴近，因为人缘的关联，由此而生发出情缘，又融合了血缘，众多因缘交会，湖南与桂林，竟如元朝赵孟頫与夫人所吟和的“你泥中有我，我泥中有你”，互放出许多光亮来。

在一般人的印象里，湖南人多激进、好勇，这似乎也颇为湖南人自己认可。比如长沙人，好吃，好玩，好吹，好斗，他们个个精力旺盛，不在好勇斗狠，就在去好勇斗狠的路上，而邵阳人最烈。过去既有“铁打的宝庆”民间俗语，又有“中国人怕湖南人，湖南人怕邵阳人”说法。

待去到桂林，湖南人的传统印象，打破了。

今天桂林多湖南人。据传，三代以内，湖南人今天已占到桂林近百分之七十，其中又以邵阳人居多。桂林土著，却成了“少数民族”。如果这些还不足以断语，桂林的经济，超过百分之七十握在湖南人手里。这已经让人惊叹。

为什么湖南人如此热衷于大规模地背井离乡，在异乡的桂林撑大一片天空？

这与湖南人自古以来个性强悍有关，多情的桂林，是一片充满了梦想与魅惑的土地。这种力量足以让湖南人甘心放弃故土，如鲁滨孙溯流而上，扎根于此，拼出一个新世界。

这不是湖南人的一厢情愿：桂林有地球村内一流的山水资源优势，湖南有地球村内一流的人才优势。好山好水待好人，好人择好山好水。

当湖南的人才凭他们霸蛮的精神，凭他们的勇气与智慧，在经济上经营出一个新桂林，这从另一方面告诉人们，湖南人并不只擅长斗，还沉湎在斗。他们更多的精力，正消耗在实业上，更大的业绩，都落定在建设中。

透过他们忙碌的样子，看着那些在奇山秀水中休闲的神态，我们同时会惊异地发现，湖南人的性格里，他们天性，依然也在渴望那种自然温婉的生活。

上百万去桂林的湖南人，他们与其说选择了桂林环境，不如说在选择一种新的生活方式，一种完全不同于本土湖南人的生活观、价值观。

如果可以跨越一千里的距离，将长沙与桂林的生活镜头同时剪接，我们看到：当长沙人还在风风火火，求官晋职，钩心斗角；桂林人正游山玩水，优哉辗转，慢情细话，风情万千。

也许，桂林的山水太迷人了，它是一个温柔乡，任你高强猛汉，它可以将你软化、柔化，让你身心融化在自然，忘乎了所以，也融掉了脾气。

不可忽视，这种地理自然对人的性格影响极大。我写《文人永州》时，说毛泽东进入其境，立即回到他青年时代的柳永味，吟咏“斑竹一枝千滴泪”。粗犷刚直的陈毅，他一来到桂林，也留下一句“宁做桂林人，不愿做神仙”。他有点乐不思川了。

这就是自然的力量：人与景之间，景过于美丽，就夺艳天下，人反过来成了陪衬。

如画漓江，绿水迂回，青山倒影，景色清幽；两江四湖，光蒸霞蔚，如幻如仙，行走其上，有海上仙山，虚无缥缈之感。一幅长长的动人画卷，人被动成为画卷中平面的一页。

桂林山水，它让你想起老子的道，它在无声告诉你一种反积极的人生观。这对中国传统的儒家积极人生观是一记当头棒。

这种道无处不在，随地可为风景。我们看到，完全虚构的世外桃源，竟然在桂林仅凭自然水文，就可以造出一个直逼《桃花源记》真实的人间童话。也许正是被这个童话所打趣，中国国民党原主席连战在入口留下这样一句话："许是陶令返人间，为赋桃源做仙境。"

桂林那种道家自然质朴的生活观，我们更早知道，则包孕在那首叫《刘三姐》的歌里。歌词歌声，都未经加工，有着山野气息，如此自然、朴直，旋律谈不上优美，但有一种将你心打开与带进的力量。

孔子一生奔走，及其晚年，改造社会依然梦残，他想起老子，慨然叹息："天何言哉？四时行焉，百物生焉。"知其不可而为之，他晚年也倾向道家，"宁做桂林人，不愿做孔圣"。

不大的桂林，百万计的湖南人同时选择她，其中必有缘故。称湖南人天性里都有那种道家对自然的向往，有对品质生活的追求，说法不至于唐突。

湖南人从唐朝中期打破洞庭湖的闭锁起，观念上从来还没有落后于时代。今天我们正处在社会开始转型为这样的一个时代：民众追求生活品质细活慢调，国进民进成为呼声，计划经济时期的政府大包大揽，开始向"小政府、大社会"的无为而治转变。

在这样一个观念剧变的时代，湖南人跟上并超前时代。正在于经营桂林的湖南人，他们通过结集民间社会的形式，通过社会中间组织的商会，为社会转型努力，他们起到“民间乡贤”的作用。

民间组织的兴起与强大，是解决中国诸多问题的钥匙。追求个性自由、个人权利意识苏醒的时代，湖南人会生活，懂得生活。但他们不满足于个人生活，那些时代精英，仍然甘心做社会的脊梁，像湖湘先辈那样，关注中国与地球村的前途、命运。

这种影响、改变、推进时代的进取意识，与桂林山水自然的道家精神融合，就形成了今天湖南人一种新的工作与生活观念。这个观念，湘商代表周华松在2010年4月桂林商会发言时有生动的形容：“休息一下，停顿一下，让我们的灵魂跟上脚步。”

儒家的刚强进取，道家的自然自由，就这样在湖南与桂林的交替中，写实了今天行进中湖南人的身影。

地利人和，一切因缘，首因湘江。

我们知道，数百年来，湖南人经营天下的精神依托，重要的载体也正是湘江。

自然的湘江，从白石乡往北，一股环手可抱的小水流，发育成一条雄浑壮大的河流，湘江在神奇地扩大，形似水喇叭。湘江入洞庭，洞庭入海，海漂太平洋，愈是往后，愈加深邃，黑不见底。

自然之江，规定人文湘江，自然源头，映照精神源头。这个本原，就是忧。

从屈原的“离忧”（司马迁称，“离骚”即是“离忧”），到范仲淹的“先忧”，他们开创“忧”源：关注时代，关切现实，干预社会，推进文明。

近看 1919 年，这年 7 月 14 日，毛泽东在湘江边上的长沙白果园创刊《湘江评论》。他其时忧心如焚，这样振聋发聩地写道：“至于湘江，乃地球上东半球东方的一条江。它的水很清，它的流很长。住在这江上和它邻近的民众，浑浑噩噩，世界上的事情，很少懂得。”

百十年来，我们知道，水清流长的湘江，流着流着，总会污浊起来，直至水色失去它的本性。但湘江有很强的自净能力，因为连通的漓江，儒道交融，总有一种清澈。

而在白石乡的源头，湘江水却永远那么清纯、活泼、明快。永远那么小小的一束，像我们生命的最初，将我们带到历史的童年。在今天这个将世俗与消费当作黄金法则的时代，唯有它，可以洗去人格化资本的污垢，可以冲掉“官本位”锈死的枷锁。

湖南人的性格缺陷

我写湖南，不只因为生在湖南，身在湖南，还因为我的经历，从来没离湖南。又因为职业关系，我几乎跑遍了湖南。从名家政要，到草根人家，一应接触，切身体会，颇有感触。

最近读聂荣华主编的《湖湘文化通论》、彭先国著的《社会史视角下的近代湖湘文化》，站在理性的广阔的高度，放眼湖南的天空，在他们身上，总有许多共性。

记得邵阳人周兴旺早年一部《湖南人凭什么》，炒得仿佛地球只剩下湖南人。但不要忘记，湖南人是最自傲同时又最自卑的一群人。在我潜心下来去了解，醒目地看到的，却是湖南人共性中那些鲜明的缺点。

之一：偏激、意气

意气是个好东西。毛泽东写诗说：“书生意气，挥斥方遒。”那样子看上去意气风发。但意气跟偏激混在一块，却只会让人像吃了火药，无缘无故暴跳如雷。

还记得多年前的一个故事。我在湖南一家报社，采访长沙本地一位民间艺人，写她创造了一个新玩意，获得国际大奖。报道出来后，一自称艺人师妹的人打电话投诉，说报道失实。

说了半天，所谓失实，就是没报道师妹是“国际一流”。这种麻纱，纯属师姐师妹间内部荣誉之争，同门妒忌，家务事情。

记者碰上这种冤枉官司，几句好话哄哄人家，也就过去了，师妹真有本事，媒体早抢她了。

但当时直管我的主任，看了投诉后十分气愤。他在投诉上签字：鉴于当事人连事实都没弄清，就来瞎投诉，我们不要理她！然后通知总编室：你们打电话去将那师妹臭骂一顿！

整理旧文章时还翻出这张意见，再看时我哑然失笑。还可以这样处理人家的投诉！忘了这事后来怎么熄火的，按照长沙人的个性，这事已不是投诉不投诉的问题了，而是她有没有投诉权利的问题；也不是她有没有投诉权利的问题，而是记者的人品有问题。你不写她而写师姐，这事情马上转化成情感上认同不认同的问题。如果继续纠葛下去，只能是一场无关对错，但一定愈演愈烈的口水战。事实本身，已经完全不重要了。

但关于事实引发的争论，却又造就一个新战场。战场主角换成记者跟师妹。陷入一个心理误区，用情绪解决问题，越解问题越有问题。这个故事的代表意义在于，基本可以概括为湖南民间的意气纷争。

我又发现，我就是在一种偏激、意气的家庭里成长起来的。小的时候，父亲只要听了某个人的意见，越是被说得不公，他就越是激奋得青筋鼓鼓。等不到对方的意见了，他已经铁定了观点，要给人脸色，尝他厉害了。

大概正是在这样一种民间的氛围中，在平常待人接物的每个细节中，每个人都很容易被带进情绪，所以上升到文化的高度，就是偏激与意气的文化。这两样特点放到湖南，是一种普遍的现象。

大概人的性格总是相辅相成，性格倔强、执拗又从不肯让步，在生活中容易碰壁。偏激与意气的人，最容易被人家的偏激与意气所伤。

思想需要做工作，道理很简单：当你带了情绪，偏激又意气，谁也不跟你谈。这样的人要凝聚人，实在不可能。思想工作需要温和，需要理性，将一切东西都捋顺，让人家心里温暖、舒服、顺畅。这是任何霸蛮都做不成的。霸蛮的人，无非匹夫之勇；如果霸蛮压人思想，这样的人只能身死客乡，为天下人笑。

偏激的情绪与意气，可以产生无穷的力量，足以形成雷霆万钧之势。这是湖南人做大事无可比拟的优势。但这有个前提，就是这个力要用对地方。必须有足够的理性，将力量攻克的目标固定。稍有一点偏差，其破坏性将是灾难性的。

所以，对湖南人来说，情绪与意气之前，首先还得有智慧。否则具备这一性格的人，要多糟糕有多糟糕。用湖南方言说：又蠢又蛮，冒（没）得救了。

之二：狂妄、空洞

又蠢又蛮和既聪明又野蛮的人做事特点在猛。不说则已，一说必是大话；不做则已，一做必是大事。地球村的人都知道，湖南人从来以天下为己任。所谓国家者，湖南人的国家，天下者，湖南人的天下，湖南人不说谁说？湖南人不做谁做？

“天下兴亡，匹夫有责。”这话说的是湖南人。听上去让人热血沸腾，但换句话说，等于湖南人要做维护世界和平的警察。用周星驰在《功夫》里的话说：“维护世界和平就靠你啦！”这句话因夸张而近搞笑与讽刺。湖南人让人觉得搞笑，又常被外人所讽刺，就是以天下为己任，口气大得很。

这个性格，以老长沙为最突出。

我曾见过的无数土生土长的老长沙，他们的口头禅是：“长沙里手湘潭嘌。”意思是长沙人天上事晓得一半，地上事情全部晓得；前五百年都晓得，后五百年也算得。

湖南人性格大气，是因为激情、血性、义气，对小恩小利，从来不屑一顾，可以“粪土当年万户侯”。但由此带来的缺点，正是狂妄与空洞。

毛泽东青年时代的口号是：“吾即是宇宙！”尼采的大话是：我就是太阳。尼采比起毛泽东，口气已经小得可怜。不单是毛泽东，一切激进的湖南人，年轻时都以为自己即是宇宙。中国人中，湖南人是最自以为了不起的一群。湖南人都以为中国之所以存在，因为还有自己。自己不死，国即无难。换成杨度那句众所周知的话：“若道中华国果亡，除非湖南人死光。”只要有一个湖南人，就可以挑起整个中国。真是蚂蚁打哈欠——好大的口气。

虽说是“惟楚有材”，但真正高超的人，他肯定很清醒自己的缺点，杨度之所以夸海口，不过是曾左之间的意气之争，是说着玩的，是纯粹口水战，当不得真。真正糟糕的，就是一个并无能做多少事情，却还真以为自己天下第一的人。

晚清名臣左宗棠早年也好大言，但对于湖南人务实的另面，他同样有着最深刻的体验跟认知：“吾湘之人，厌声华而耐坚苦，数千年古风未改。惟其厌声华，故朴；惟其耐坚苦，故强。”

确实，即使真有本事，湖南人的狂妄，还是很容易带来空洞：哪怕从地上捡到一粒芝麻，足以梦想那是月亮桂树的花。因为脑子里想的事情很远，所以宏观规划很大，做的人生规划、战略目标，就相当吓人。但真正凭借自己本事，要在这世界上做成几件有意义的大事，没有老老实实的态度，没有几十年的埋头苦干、拼命硬干，那是根本不可能的。

所以，湖南伟大的战略家，做成了也就不说，那当然是伟大，但一旦失败了，最后不可能败在方案不好，而是自己是一个不伟大的战术家。等于说：他说的都是对的，但自己没有一点一滴去执行。湖南人的失败，许多都是败在细节上。说过就完，说后就忘，只是图嘴巴快活，满足一下虚荣心，这听来已有点搞笑。再要么，湖南人做出的规划是“大跃进”，是挟泰山以超北海，是嫦娥插双翅膀就奔月。不是想法不好，也不是不能实现，而是要等几百年后才可以执行。这些要命的缺陷，导致方案除了有喊口号的作用，根本就没有其他用。

关于这一性格的深层原因，顺连着又生出了湖南人的第三个致命缺陷。

之三：浮躁、飘忽

有研究者说，湖南人以A型血者多。

A型血者，冲动、激情、好事，就是性格比较泼辣。这话有道理，因为我去一验，果然也是A型血。

中国与西方比较，民族性格是好静的，所以中国人习惯逆来顺受。但我想湖南人本质是好动的。好动的人好斗。所谓与天斗与地斗与人斗，斗的结果都是“其乐无穷”。这个形象是个什么样子？就是《西游记》里的孙悟空。毛泽东有时自比孙悟空，他写诗说：“金猴奋起千钧棒，玉宇澄清万里埃。”

我不是否定湖南人斗勇，但以为湖南人最大的劣根性就是与人斗。湖南人为什么喜欢与人斗？因为历史上这里很穷，要有饭吃有衣穿就靠抢，所以有枪就是草头王。

不说这种靠夺、而不是靠双赢的手法，不能给社会带来任何意义，而且这种游牧人一样的运动，养成了湖南人一种性格，就是猴子屁股坐不住。因为历史上湖南人不靠坐在一个地方，几十年如一日做某事而获得大成，是靠打一枪换个地方抢得荣华富贵。这种性格一旦沿袭下来，对湖南人造成一种致命伤害：只要社会一直稳定，天下无大事，历史不要靠湖南人去挽救天下于既亡，湖南人安静地坐在一个地方，老老实实地职业化地做某事，他们就或者无法做到，或者无法安稳地做，要湖南人练习静坐功，难度高过孙悟空当和尚。

内心的浮躁感，职业上的飘忽欲，这是阻碍湖南人扎根做事的绝大的性格漏洞。就像孙悟空，走到哪里都可以给你打抱不平，是个大英雄，一旦没地方可打抱不平，靠埋头干点扎实事情，这可就将孙悟空害苦了。英雄没得不平去扫，没得敌人可杀，那手里还不淡出个鸟来！湖南有句方言："就知道要嘴皮子，做事死猴子筋了。"活画出了湖南人的浮躁样。

因为这点，所以再高明的湖南人，到了今天很容易出战略家，却无法做成靠实打实做的实业家。

与这一点对应的，是湖南人的英雄观。因为重义轻利，所以湖南人做成大事，也只是为了实现自己振臂一呼，应者云集的英雄气概，让别人口服心服，让别人歌颂自己多么伟大，多么了不起，但他们对真正的利，内心里多少总带有不屑。

湖南人的骨子里，本质上是一种征服欲。他们在乎的是过程，是成功后巅峰的体验，而不是那个获利的结果。不了解这一点，不算是了解了湖南人。这个性格，在某些方面成就了湖南人，也在某些方面贻害了湖南。

反思

在我翻过的湖南历史伟人中，他们之所以能够成就惊天大业，因为他们用理性规避了自己性格的三大弱点。再是有伟大的时代，再是有不二的机遇，只要这三条有一条被不幸而卡中，任你是人杰地灵湖湘宠儿，你只可能在短期内爆发，轰轰烈烈，惊天动地，但都不可能在这个世界上做出一番真正有意义、能够在历史上戳得住的业绩。

拿破仑说：推动摇篮的手，是推动世界的手。从摇篮里出来，一个人开始成长，决定个人今天做什么，怎么做，决定性的东西，不是智力，但一定是性格。在现实的社会里，性格文化是最重要、影响力最主要的文化。性格就是文化，文化就是历史。性格就是书写历史文化。

就中华文明整体而言，是一种静的文明，侧重于静的一面，如顺从、消极、退让、世故、内敛。静让中国人失去雄性，失掉血性，阳刚不足，阴柔太盛，消极退让，不思进取。近代湖南人崛起，一言以蔽之：雄性和血性。

雄性和血性，是湖南人崛起的根本，是湖南人立身之本。

湖南政治上有崛起的理由吗？没有。历史以来，湖南政治毫无优势。有研究者指出：自古以来，政治地位一直不高。即使长沙被封为王都，也是些没地位的王爷（如长沙定王系汉景帝一贵妃之奴婢所生）。有清一代，直到1664年才“两湖分藩”，1723年（雍正元年）才“两湖分闱”，也就是说，湖南独立建省，要到2023年才满三百周年。

湖南经济上有崛起的理由吗？没有。左宗棠当年曾经说过，湖南全省财赋“至全盛时，才敌苏松一大县”。

文化是湖南崛起的唯一理由。这种文化，说白了是一种性格文化，或者说是一种区域性格。湖南人的特别处，湖南人之所以是湖南人，一切全因这一独特性格。抽掉这一性格，湖南人与天下人，将没有丝毫不同。

第三章

城市脸谱

嘴巴长沙

每次翻开地图看到湖南那颗脑袋，我总联想起长沙就是湖南那张嘴巴。

嘴巴除了可以吃食，还可以用来说话。如湖南嘴巴的长沙，含在它里面的人，多为能吃善说。

1999 年我初到长沙，住在黄兴路步行街边一个叫樊西巷的地方，第一个认识的长沙人，是个本土老头。老头特别能吃。那年冬天特冷，老头将自己裹得像北方人，冒雨顶雪，从外面提一兜白菜，几颗肉星，一瓶 4 块钱的二锅头。大门一关，火锅一烧，空调一开，自做自吃。

老头见我没事，拉我陪他喝。这一喝，就从上午 11 点喝到晚上 8 点多。老头本是做工科，在省里某单位做工程师，但酒一上心，菜一进嘴，他话多了起来。端起碗来吃白菜，举起瓶子来喝酒，放下筷子来说话，动作如此反复者三。老头说了什么，今天我已记不得一句，但他神奇的说话本领，却让我头一次见识了长沙人。等他吃完一盘点，火锅电费也算进去，这餐不超过 10 块钱。但他津津有味的本领，足以让看客馋得咽，听客爱得迷。

3 年后碰到一事，才知道他们爱吃，更爱付钱。一哥们讲见识，某长沙青年哥哥请兄弟喝酒，一瓶子五粮液进肚，从长沙扯到北京，从月球讲到卫星，从四姨驰谈到蔡京。临到买单，哥俩抢着掏，结果打了一架。青年哥哥说：争么子争，老子有钱，VIP，走人！张手拦辆的士，啪的关门，一骑绝尘。第二天一早起，有人看见青年哥哥带把现金，走路来到饭店，将作抵押的诺基亚赎回，脸上看不到忧伤。

走在长沙街头，闻到臭味不在洗脚城，那是你身边一定有人吃臭豆腐。长沙火宫殿臭豆腐火，地球人都知道，长沙路边的臭豆腐火，外地人才知道。长沙人去火宫殿，场面办得像请客。早年最高档的祝生祝寿店有家叫玉楼东，几盘菜要 1000 多块，长沙人吃起来眼睛不眨一下。长沙女人买口红涂嘴巴，如果一根卖 1000 块，你就别想将她吓眨眼。她出手阔绰，拿指夹 1000 块一甩，昂起胸脯扭屁股走人，倒足够将你吓傻眼。

所以你就搞不懂，每月拿 1000 块工资，为什么他们都那么有钱，而且好像越花越有钱？人需要明白一个真理：天下长沙人只有可能缺钱，永远不存在口袋里没花的钱。这是个让人羡慕的奇迹。世界没有永动机，长沙没有造钱机。那他们为啥不差钱？你不能轻易搞得懂。直到你看到他们将洗菜水滴水不漏地节下来冲厕所，每月节省下十几块水费，你才会明白艰苦朴素与“头可断、血可流、皮鞋不能没有油”的两结合精神，顾上嘴巴弃下卫生的牺牲精神，会有多么了不起。

据说人吃饭是为了说话。这印证口腹之欲次要。钱钟书写《论吃饭》，说吃饭是个名义，好比讨阔佬的小姐，宗旨不在女人。长沙人吃，宗旨不在食好。比长沙人吃得好的不少，至少广东人比长沙人会吃。但以中国之大，真要架起场来“比吃招亲”，则长沙人有望成为地球村每个家庭的乘龙快婿：以地球之辽，比长沙人会吃的没有。拿着瓶子喝酒，最高本领是空瓶子喝出烈酒来。有了这个最高本领，长沙人会说，也就成了顺理成章，顺水推舟，顺其自然。

10 多年过去，我再回想，当年一个工科的老头尚且如此能说会道，长沙人的策功，已足以窥小斑而见大豹。

长沙人对外发明一个“策”：就是有话好好策，没话找话策；有人好好策，没人找人策。这是比空瓶子也能喝出烈酒来更难更高的本领。这张策的名片，只供出省外销，长沙人最喜欢的头衔，还是“里手”。

“长沙里手”，每听到这句话，长沙人的嘴巴就会心而笑，骄傲地笑，将你看傻瓜一样地笑。在长沙，心领神会，这叫“心有灵犀一点通”，出长沙，闻曲听音，就叫“他乡遇故知”。同属人生四大喜。有灵犀用来谈爱，遇故知可以借旧攀亲，这叫气味对头。气味不对，长沙人不甩起，脑袋昂得像老爷，眼角里没你这个人。

要长沙人承认某人，除非你先当个里手。里手是长沙方言，在行的意思。随便找家路边店吃盒饭，碰到一个本土老长沙喝酒聊天，如果你不说他“神舟八号的事已经晓得一半，地球上的事情已经全部晓得”，他就会用他虽三寸但灵活的舌头，源源不断地告诉你天上人间万千大小事，直到让你心里头明白：这人间事情，只有神舟九号，他暂时还不全晓得。你在某地不点姓名地惊叹：某人太牛，知晓前五百年，又后五百年！长沙人路过，会傲起头颅，冲你微笑，感谢你实诚，这么诚恳来夸他。你说：我在说诸葛亮呢！长沙人嘴巴一撇，诸葛亮是哪个？诸葛亮算么子！

我刚做记者那两年，在长沙的社区里跑，跟正宗老长沙打交道，他们喜欢跟我策，所谓光阴似箭，日月如梭，时间的一分一秒，就像他嘴巴里一个接一个的汉字，这个进来，那个出去，射箭一样地飞掉。

有个同事刚好也是老长沙，他大我十多岁，算得上老江湖。他跟我说：做新闻就是策，话策完了，新闻也就做出来了。那时节跑社会新闻，找线索是个大问题，该老兄却从来不为无米之炊，每天坐在办公室，打开电脑上网，还没流行用QQ，他就登录内部论坛，跟一帮同事天南海北，稿子却源源不断。这可是比空瓶子也能喝出烈酒更高的本领啊！我怀疑他有秘偏方之类，他也不作声，神情颇为不屑，仿佛如此雕虫小技，压根就不值得渲染，说：明天我带你去见识见识！

第二天快下班了，老兄叫上我，打个车，飞也似的跑到省妇联的挂权益保护牌子的办公室，一番神龙见首不见尾的开场白，马上就找到一个受害妇女来投诉。老兄是个喜欢说话懒得动手的人，于是他导演一样，马上换副悲剧加同情的脸，跟受害妇女神策起来。等老兄的嘴巴收工了，我的本子也记满了，一篇绝妙好新闻，也就水米俱备，只等烧熟了吃。如此配合者三，省事省心不少，其他同事莫名就里，青发搔更短，腿跑得更细，老兄常独自偷笑。

老兄对每个月拿个五六千块颇为不屑，他跟我说：这还不够吃夜宵。某次他跟我说：咱们报社某某某吹嘘自己有钱，鸟！老子是见过大钱的，以前每次过手的钱都有几千万，懒得用麻袋提，全放到一张卡里了！某某某那点钱？只够塞牙缝！这话说得让人满心狐疑。但后来他带我去一家茶楼，喝200多块一杯的铁观音，说更加大得没边的牛气话。临走时告诉我：这家茶楼就是你老兄我开的！果然，做记者没几个月，该老兄就突然消失。再次见到时，他已在某大文化公司做了总经理，果然接了一个几个亿的项目，但这次私下见面，他请我吃4块的盒饭了，话就更加没边，从国际到国内，不超过10个人可以放到眼里。他一声喟叹：问天下还有几人？诸公碌碌皆余子！

老长沙都经历过革命。世界上自人类开始说话，信息无时无刻不在搞革命，后来发明了一个新行当，叫作广告业。广告当然对你的口味，但最对长沙人口味。在长沙人看来，人生在世，就一广告：说话是用语言在空气里做流动的广告，街头广告等于将人的嘴巴固定在墙壁上。用哲学家的话讲：天下事物，莫不处身广告之中。所以溜一眼长沙街头广告，等于看见全长沙的嘴巴。

将金条讲成稻草，那是两千年前的人。老子及其学生，相信“信言不美，美言不信”，所以说话像个穿补丁的乞丐，看上去老实又可怜，人恨不能多周济他。但长沙的乞丐都装得像个达人，他们指点江山，鄙夷天下，一边讨钱，一边不忘讨论宋庆龄。黄兴路步行街几个铜像前，常飘荡这类声音。君子固穷，他至少还可以用嘴巴来兼济天下。

是的，天下。

长沙人打广告不写“天下”，等于美国人眼里没有华盛顿，法国人墙上失去拿破仑，中国人嘴里不谈毛泽东，那都是不敢想象的事。让长沙人将“天下”换成中国，等于去酒吧蹦迪结果听了轻音乐，那是不可思议的事。不可能的舒服与可能的不舒服，敢想象的与不可思议的，总之都是不可能发生的。

长沙跟北京比城市，那好比蚂蚁比大象。但大象有可能被蚂蚁绊倒，那得看蚂蚁是否在打哈欠。长沙人打个哈欠，整个湘江水便成了东风里的飘带，东风万里鲜花开放，湘江像太平洋。从长沙人口里有了天下，它们都成了太平洋里广告商。

记得相声大师马季曾发明个“宇宙牌”香烟，北京人眼里，宇宙大象那么大。长沙人嘴里，大象固然不小，但比过大象，则是嘴里乾坤，号曰“天下”。到长沙你想打广告，一句超过3个字，还没点到“领袖、天下、民心”，借《大腕》的话说，你都不好意思说出口。“不吹最牛，只要最大”，这是长沙版人生观。但抱歉广告版面过于小气，长沙人抓紧简称之“领天民”。看不懂去翻古汉语词典，帮添加词条新义：“领导全天下的人民。”

即使离长沙几百里的边远山区，在市中心挂广告也会说：英雄不问出处。其实是问不得出处，昨天还在耕田嘛！你以为大有来头，其实先封了你的口。但你冒失问了，结果被一番神策，你更加自讨苦吃，被搞得云深不知处。你再过去细看下，墙壁上几个威风凛凛的大字，难道不正在张大嘴巴，专门冲着来吓你这个小老百姓？

长沙人眼里没几个人，广告里人没有几个，嘴巴里出来更加没有人。我做记者那阵，谈的女朋友家在坡子街，是土生土长的长沙人。2002年时她第一次出差到北京，回来后跟我说：北方的人都是木鱼脑壳，反应十分迟钝，你急得要死他还没开窍。最后她跟母亲结论，中国还是只有长沙最好。然后又一起怀疑：中国首都为何从长沙改到北京？答案是长沙人宽宏大量，懒得跟小气的北京人计较。她的外婆家就在兴汉门，据说跟大画家李立是邻居，每次说起李立，今天被多少人前来求他写字了，明天又要到哪个国家帮人写字了，张嘴就来，如数家珍，直到让你误会，李立或者就是她一家人。其实她们都一点不懂画画的，到了这里是货真价实的“长沙不里手”。

既然还要做“长沙里手”，老长沙跟老长沙的子孙，见面神策就要上演一幕好戏。2001年时，记得长沙中山路有家叫荷东的酒吧，都是一些以里手自居的青年，在里面蹦迪。里面火气盛，嘴巴话就多，三句话不对头，拳脚就动起来。那时长沙到了不打架酒吧就没生意的地步。但长沙人更乐意做个打架指挥家，人家两个像斗红眼的公鸡，有满哥作壁上观，在边上大喊：打上面！打下面！打中间！手脚并用，声情并茂，幸灾乐祸，唯恐天下不乱。人家打得血花四溅，他看得眼冒金星，当这是不掏门票的斗牛场。可见嘴巴能用上的力太小，远不足以消耗掉长沙人的旺盛精力，他们更愿意动口动手，手脚并用，来显得自己言语跟行动都是巨人。

前些年北京有几个兄弟，都是可望晋级省部级别的，慕长沙酒吧声名而来，可怜酒吧门口徘徊，不照（知道）北京有人来，犹豫再三，还是担心手脚伤与口水，带着长沙的遗憾，忧郁地回到京城。我后来想起，忘了带他们去湖大堕落街，至少几根辣椒，还能带点回味，不会这么落落寡味。

孔子说：君子敏于事而慎于言。这是告诉人多做事，少说话。又说：君子敏于行，讷于言。等于告诫人：多干活，闭上嘴。两句话一直被当作中国人的人生信条。但长沙人不会慎于言，就无从讷于言，顶多是敏于行敏于言。如果人除了吃饭可以长胖之外说话也可以长胖，那么2008年全球再怎么爆发金融危机，也只可以饿到其他省市的人，绝对饿不到长沙人，所谓“今年不怕饿，全凭嘴一张”。

其实说到嘴巴，你再去打开地图，可以看到：北京像是中国这只雄鸡的嘴巴，长沙正是湖南这颗人脑的嘴巴。虽然长得有点歪。我猜测：鸡的嘴巴是用来吃米的，所以中国人跟外国人打交道，就是多赚外汇多吃米，用长沙话说，就是有很多米米；但人的嘴巴多是只用来说话的，所以长沙人就不顾产米，总是话多，而且说后就忘，到最后自己也不知道到底说了什么，嘴巴像架专做无用功的永动机。

说到这里，长沙人眼珠子骨碌一转，意识到再看下去，后果严重：一拍脑袋，啊耶！拐挂场哒！冒搞头啦！撤！

想起好多年前，湖南电视台笑逐颜开给汪涵办了个《越策越开心》，几年下来，汪涵嘴巴讲干了，湖南人脸都笑麻了，外省人身体全笑僵了，硕果仅存的快乐，也都被笑得肥皂泡一样炸掉了；骑马下不来，策马扬鞭不打仗，越策越烦恼，越策越不开心，汪涵脑子一泛，好家伙，越撤越开心。四下寻思，见好踏上《天天向上》，从此每天可以好好学习，如今他心里踏实多了。

如果有人看到这里还想说：长沙人贫嘴。我第一个不答应。这不仅是因我已名正言顺地成了地道的长沙人。岁月流转，浪花起灭，十年弹指一挥间，我如今身边的长沙朋友，多是半路杀进来，已鲜有土生土长的长沙人。

老长沙都到哪里去了呢？我很怀念他们。

“土气”湘潭

据说要认出城市，最好的方式是嗅，闻一下味道就知道。以这个方法闻湘潭，鼻子里缭绕的，怕全都是“土气”。

偌大一个湘潭城，其实是农村的放大版。城市的高楼，也正是农村平房的叠加版；湘潭城的道路，恰好是农村土路的拓宽版；生活在里面的湘潭人，是刚换上了市民服的农民。

湘潭是我高中毕业继深圳之后生活的第二个城市。当在湘潭的时光与一段青春的记忆如此血肉交融，我发现湘潭味道深入骨髓，我稍一回味它就如身体，熟悉到已无须触摸，甚至无须再闻。

随手扇一下湘潭，你就可以说闻到槟榔味道。湘潭人不分场合、时间，口里随时翻卷槟榔，腮帮子肌肉一紧一松。所以湘潭人说话，口里也像是含了一颗槟榔。跟长沙人说同一句话，你会发现，湘潭人的舌头尖厚些，声音出来后，总像拳头擂在沙发上。因为声音尖而清给人以时尚感，所以落音重而钝就让人感到像土老帽儿。湘潭人不会在意自己老土，依然大街小巷地翻卷槟榔，乐得自己就是一个俗人。

湖南人走到哪都能让人发现俗气，湘潭人是衣角落带风都流淌俗气。他们本来舌头就厚，卷颗槟榔再翻动舌头吐话，那已是厚上加厚。用池莉小说《烦恼人生》中一个人名来形容，就是印加厚。黄天厚土，背朝太阳。湘潭人这一形象，在我们印象里进一步加厚。

我在湘潭一家报社实习那年，某次报社获了市里一个奖，副总编辑一高兴，请客！记者编辑们烫一壶浑浊的米酒，一群人在一条颠簸的水泥路上穿梭，我闻到巷子里尽是烟火味，看头顶平房凋敝，像20世纪五六十年代的遗物。在一家跟农村差不多的土桌子前打牌，烟雾缭绕，声音嘈杂，麻将花牌，雾里看花。但他们都修得一双火眼，摸牌即发，炮声连连，男记者吆喝，女编辑尖叫，整盘麻局高潮迭起，其快乐不足为外人道。我一直弄不明白，他们为啥转弯抹角，费尽九牛二虎之力，才委婉找到这么个比大学生宿舍还对不住人的俗地方？后来想通了，一帮文化人，只有这地方有气氛，来感觉。换了五星级大酒店，他们摸麻放炮，不喊不叫，不哭不闹，生不如死。他们俗出生活的本色，让人感到率真与纯粹。

回忆一下，比土屋子更俗的，还只有槟榔。长沙人也爱吃槟榔，但也就像广告里说的，爱冲动，爱诱惑。很小资，让人感到秀气，根本缺少湘潭人的黄天厚土气。

我头一次领教湘潭槟榔是1998年。那次去市里玩，中午在中心站搭14路公交车回，夏日炎热，人欲昏昏，一个湘乡的朋友，随手递来一颗槟榔，说可以提神。我放在口里咀嚼不到两分钟，突然感到头已眩晕。车上一路颠簸，我试图站起来，才发现浑身绵软，像醉了酒，力不从心。车到站后，已过半小时，槟榔劲道已消，我才得以按时下车。那次后我才明白，湘潭人吃槟榔的俗，是有农民胳膊一样的劲儿。

有人说湘潭的槟榔里放过敌敌畏，据说农药放的越多，槟榔嚼起来越有劲，这话让人听得毛骨悚然。湖南人不怕死是真话，湘潭人不怕死是实话。湘潭人毛泽东写文章说：这世界什么不要怕？天不要怕，鬼不要怕，死人不要怕，官僚不要怕，军阀不要怕，资本家不要怕。他又进一步借老子的话说：民不畏死，奈何以死惧之？电视剧《恰同学少年》里说，毛泽东上湖南第一师范时，虽然文采风流，但排在第一，且无第二人能及的，却是胆性。第一师范校长孔昭绶在当时的校志中，由衷评价说：毛泽东通身是胆！等于说，毛主席是中国人的胆。

我就想：槟榔是否能锻炼人的胆量？这个听上去有点荒唐，所以我像不确定湘潭的槟榔放了农药一样无知。但我想湘潭人土气与不怕死，却一定与槟榔有扯不清的关系。

槟榔本来是产于海南，却不知为何到了湖南。这与湖南地处湿热，寒气过重应该有关。与槟榔像姑娘一样并肩平坐的，就是辣椒。但辣椒是道天下最香的菜，进得厨房，出得厅堂，漫步地球村，可以上 T 台。槟榔就只好是个不登大雅之堂的俗物，仅供本土私下交流。

俗物入口，必有俗话。我在湘潭时听来的头一句当地俗语，是“龙牌酱油灯芯糕，砣砣妹子任你挑”。这话听上去也像农村特产，很土气。土气之外，尤其让人瞠目结舌的，是湘潭三大特产，砣砣妹子算一个。我曾问：什么叫砣砣妹子？湘潭人答：是长得像秤砣一样的女孩子。她们个子都比较矮小，身材上小下大，葫芦形状。如果说女人是一个城市时尚的急先锋，那么湘潭女人的这个形象，你怎么也想象不成时尚。这样的女人，都是居家教子的好苗子，不是长沙人动不动就“画的胡子”“驮的腿子”。

长沙男人谈女子很有一手，因为长沙女子手脸都过关。打个比方，长沙的女子像辣椒，形态修长，看着漂亮，吃得辣心；湘潭的女子像槟榔，分量实沉，看着一团，吃得醉心。就是没有时尚女人那么多弯弯肠子，放在家里与放在外面一样放心。所以砣砣妹子更像是一个乡里妹子，或者干脆说是刚洗脚上岸的村姑。

如果说从砣砣妹子身上闻到的是湘潭人外形上的土气，那么湘潭人五花八门的方言，就更让人笔直地相信，那些非再翻译过来否则根本就如天书的话，都是从庄稼的叶子里直接冒出来，被风刮得四处碰撞后的原始音。我有一些湘乡的同学，他们开老乡会，叽里呱啦一通，我从来没听懂过一句。有些同学很气愤，称湘乡话是“鸟语”。但这已是骂人，于是再发明一个新词：日语。但只要看过电影的人，没有谁听不懂“米西米西”“哟西哟西”，所以湘乡话比日本话还要难懂。郁闷不过的是，同为中国人，我们眼睁睁看着他们谈笑风生，自己莫名所以。

湘潭人方言的土气不说，还在于他们乡音顽强，从来不可更改。我曾听过毛主席在开国大典上的录音，他的湘乡话已经很接近湘潭话，但说到“月日”“委员”，他的方言又成了天音。如果不是中国人听惯了，凭意思去猜测，能猜个八九不离十，他们的土老帽儿话，怕真的永远走不出湘潭的土地了。

而到了湘潭农村，他们各自独门独户的房子，清一色干脆就是土地的颜色，土地的气味。如果说湘潭的城市像农村，那么湘潭的农村最像中国农村，是以，湘潭的农民也最像中国农民。就我到过的湘潭农家，今天居然还有祠堂之类，灵堂简陋到只有一张古旧黑框照片，几缕香烟，桌子年旧古远，遥见青灯黄卷，像是清朝的尾声。

大致正是因为湘潭的土地比较恶，难得产出像样的庄稼，获得满意的收成，所以湘潭人与土地奋斗的积极性都很高。我去过湖南绝大部分地方，发现论土地的贫瘠，大约只有嘉禾能与之相提并论。湘潭城餐馆，从装修到菜味，都能嗅到农村的过渡色。

但也正是这样的土地，令生活在这片土地上的人们，精神上有了无可比拟的执着与顽强。用湖南话说，就是“拗”。说得文雅点，就是“世上无难事，只要肯登攀”。我已经相信，任何人，只要有湘潭人的这股劲儿，在这个地球上，已经没有做不成的事。

写到这里，我们似乎可以归纳：只有土气的外形，方能有土气的精神。外形之于精神，从来都彻底矛盾。土气如农民，总让一些人瞧不上；土气有精神，天下人从来不敢小瞧。中国人若有小瞧湘潭的，不是说笑话，就是讲醉话。湖南多出伟人，而湘潭是伟人镜像群中的焦点。据说以湘潭为圆心，以 100 公里为半径，在湖南的土地上画个圈，新中国有 400 多个大人物，全部被囊括进去。这一发现，简直让人震惊。中国的前途与命运，很长一段时间，就是被这块土地完全主宰了沉浮。

凡出人物的土地，必有不平凡的民间。关于湘潭民间的土气，我在那里实习期间，曾随文化局去过，有幸得以亲身体会。那次是一个本土的戏班子，搞了个文化下乡。那些唱花鼓戏的生旦一打扮一化妆，周边就围满老百姓。一个土不拉叽的晒谷场，唱戏的唱得欢，看戏的看得乐，敲锣的敲得快，打鼓的打得响，整个就像都在演戏。看他们土气的衣着，个个都是大老粗。但他们锣鼓一响，大戏一唱，就像是都通了艺术。

到这里，形神都被勾勒了一番模样，湘潭人在我们脑海，也就清晰起来。

中国的城市如果来一个类比，上海就像一个时尚的姑娘，脱离人间一切世俗烟火，有点缥缈的仙气；长沙则像一个传统与现代边缘的少妇，在居家的柴米油盐中不忘描眉，打扮出几分妖娆；湘潭更像她俗语里的那个村姑，与粉黛绝缘，以江河为镜，以青山作手，有时随意照看一下，撩几缕头发，然后按自己的想法生活。

中国有不少省的城市土气，但比不过湖南的土气；湖南有不少城市也土气，但比不过湘潭土气。湘潭人举重若轻地做过许多惊天动地的大事，他们或许还有许多其他精神特质，但以我的切身体会看来，他们所有性格中的根子，都源于这个土气。

嚼得菜根，百事可做。土气本身就是一种内圣外王的精神特质。湘潭人彭德怀是彻底的大老粗，并无多少文化的熏陶，他可作土气湘潭代言人。他性情耿直，敢说敢言，从一个自小讨饭的人，树起革命的大旗，一路猛打猛冲，无所畏惧，不达目的，誓不罢休。

要湘潭人高高在上，那只有长沙人做得到。湘潭人土，他们内衣外穿，摆明来土。因为姿态极低，躺着比站着还高，所以他们站着，永远不存在倒。但想站到湘潭人头上，等于将自己放到火上。土气的湘潭人，最大的本领，就是将一切压在他们头上的人，统统地烤熟了吃。老子说："上善若水，水利万物而不争；处众人之所恶，故无尤。"说的正是湘潭人性格。

土气的人让人害怕，让人敬畏，因为他们扎根土地，不虚飘，不浮华，不装神弄鬼，不打妄语，他们都有很执着的人生追求，他们一旦认定的事，哪怕难于上青天，他们也要用斧头伐木，做成一座通天塔，爬到青天最高层。

人性复杂，性格有时又十分奇妙：洋气的人，多是金玉其外，看得吃不得。最土气的人，却最浪漫，最富于想象力。他们想人所不敢想，做人所不敢做，慷慨大气，可上九天揽月，可下五洋捉鳖。像今天这太过于现代的社会，里面太过于时髦的人，最大的庸常，首先是想象力庸常。他们离土地越远，离云里雾里越近；离本来的人越远，离机器人也就越近。

也正是湘潭人这份土得掉渣的执着，让湖南人有了一个性格：犟脾气，认定的事，九头牛也拉不回。湖南人霸蛮，文化人形容说：头撞南墙也不回。这句话说得生猛，却不文雅。更早是屈原的雅致说法：吾九死而不悔。

今天说一地人土气，仿佛已成不给面子的事，他们四面，都是摩登时代。但任何一道面子，都是自己给的。所谓自强者胜，举凡地球村，任何一种性格，都是有好有坏。不存在绝对美妙性格，没有完美的人。土气湘潭人，逃不过自然法则。他们同样是大全大缺之人。

在我看来，与土气比较，时尚与摩登只是人间的一道花边。世界上许多事情，一旦时尚起来，摩登起来，就越飘越远，越飘越轻，越飘越找不着北，如风拂垂柳，十分无力。

多年来，每当我闻到生命无法承受之轻的味道，我就想到快去湘潭生活一段时间。

书生衡阳

虽然老家就在衡阳，但我并不太了解。衡阳在我脑海里的模样，就是一个翩翩书生的形象。而这也只是作为衡阳人的一个直觉。

第一次读到书香气的衡阳，是“塞下秋来风景异，衡阳雁去无留意”。从此知道了“衡阳雁”。雁是个很文化的形象，鸿雁传书，有点飘逸感。我后来发现，这个感觉，如雁过之风，拂在每一个衡阳人的脸上，飘荡回旋在他们身上。

衡阳在邵阳隔壁。我了解邵阳，因为我的奶奶是邵阳人，我有许多邵阳亲戚。衡阳人也彪悍，做起事来，打起架来，让人感到民风不古。但拿不陌生的邵阳跟熟悉的衡阳比较，衡阳人没有那样彪悍。衡阳人在邵阳人面前装彪悍，等于一篮子鸡蛋不知天高地厚，要跟花岗岩石头去打架。鸡蛋壳虽然头皮也硬，但地球村的人都知道，那里面是银样镴枪头，碰到石头就瘫痪了。

血性的湖南人，都有点冲动和莽撞，他们的交往方式，三句话不同堂，先打一架再说。但衡阳人的血性里，始终荡漾着一股书生意气，缺那么点凶悍、强劲。比如衡阳人会说“师夷长技以服夷”之类。但邵阳人“制夷”的手腕，衡阳人说不出来。以“制夷”的手来打比方，邵阳人像只辣手，衡阳人顶多只算狠手。

我有时想起我们的老乡，非常痛快地写诗说：砍头不要紧，只要主义真；杀了夏明翰，还有后来人。这两句被选进小学课本的诗，鼓动过14亿中国人。但没有人去想，这原来是十足的书生诗。整首诗里，你可以看到书生的高远情怀，但你读不到力与蛮。最后一句，虽然给人希望，但也让人无奈。书生说话做事，多半是吓人的。用鲁迅的话说，我儿子18年后要打死他儿子，口头报复也算得报复之一种。当然对那些被吓大的人，这句书生造反的话，还是可以让他们提心吊胆几天。但对照读浏阳人谭嗣同的“我自横刀向天笑，去留肝胆两昆仑”，这种对比就异常强烈。衡阳人的书生气，远不是浏阳人的勇武。浏阳人的豪气、大气、猛气，义无反顾，决绝不回，衡阳人学不来，跟不像，当然也没有人学，所以用来作比。

所以放在省内，衡阳人越看越像个纯粹书生。湘潭人毛泽东写诗说：书生意气，挥斥方遒。这8个字画活了衡阳人。有血性的书生，手不能提三尺之剑，脚不能跨千里之马，只有凭借一腔热血，满肚子经书才华，在那里指点江山，来表达自己的雄心壮志。

从衡阳走出去的武人，也显得迥异于其他13个市。从小长在衡阳，我读高中时，听得衡阳有武馆。有段时间，我住在祁东大街，某个巷子里住着几个人，专门收钱教人打架。据说某人还编了一首歌，叫“湘南武馆练过武，神龙歌城嗨过舞；天下英雄皆入土，祁东崽儿就是虎”。最后一句是吹牛。10多年前，常德汉寿有个万友武馆，广告打得满世界都是，人没几把刷子，也不敢向天下人摆擂台。文死谏，武死战，我还没听过家乡人向万友武馆叫板的，估计是不敢。衡阳人习武，顶多是用来健身，相当于今天男人借桶子腰做瑜伽，女人晃动柳腰做有氧体操。架把儿好看倒是真的。

所以，当衡阳人跟天下人谈学问，地球村的人都不作声了，衡阳人转行去炫耀武力，等于猴子在老虎面前夸口比爬树，天下人都笑了。我对这点感受切身，我的父亲也是习武之人，他出去闯荡江湖，人碰之必倒。但他许多时候，靠的也是技巧，不是蛮力。在武师面前比蛮力，等于到李连杰面前比拳脚，他拿不出手，也做不到。

书生高远，土气蛮猛。正是这种性格上的差异，让书生的衡阳，跟霸道而土气的湘潭，两地人的相处互补，非常契合。湘潭人毛泽东与十大元帅的关系，一直最融洽的正是衡阳人罗荣桓。毛泽东唯独在他去世后专门写了诗，留恋之情溢于眼角眉间：

记得当年草上飞，红军队里每相违。

长征不是难堪日，战锦方为大问题。

斥鷃每闻欺大鸟，昆鸡长笑老鹰非。

君今不幸离人世，国有疑难可问谁？

毛泽东一生，说话很情绪，早年读书时，同学易永畦死了，他也说：后来有千日，谁与共平生？当然写诗有夸张，不能抠字。但罗荣桓可以看作再生的易永畦。男人之间的兄弟情谊，战友情怀，最后一句，深过千尺的桃花潭水。

湖南人都是犟脾气，倔强不屈，从不认输。这害苦了湖南人。我们看曾国藩跟左宗棠，那都是一等一的人物。内心里说，曾国藩最佩服左宗棠，当然不因那句“中国不可一日无湖南，湖南不可一日无左宗棠”。左宗棠死心塌地佩服的人，恐怕也只有曾国藩。看左宗棠送的挽联：知人之明，谋国之忠，自愧不如元辅；同心若金，攻错若石，相期无负平生。但到了平日嘴巴里，他们说出来的，全是心里的反话。他们以嘲笑对方为荣，以打击对手为乐。曾左意气，因为他们的骡子脾气，差不多可以收作成语。这是湖南人内斗的要命伤。

书生意气的衡阳，没有这个内伤。对比湘潭人，我们看到，他们霸道而土气，个个认死理儿，认为自己是对的，就要坚持到底。

衡阳人也倔强，但不会一头撞死在南墙。不是说衡阳人比湘潭人聪明，主要还是性格没有那么强硬。书生每到关键时刻，总会软下心来，被自己的道理感化。当一个人被书香感化，他就不是大闹天宫时的孙悟空，而是取经归来的孙大圣。

我们看到：衡阳有座山，山叫南岳山，衡阳有个庙，庙叫南岳庙。从前，山上有许多和尚，当然也住有道士，同时包括许多文化名人。他们来到山下，抬头望见七十二峰，群山连绵，巅连五岭，山高仙风大，庙深学问多。庙里的学问，经过仙风吹拂，像孔子说的君子之德。君子之德的风，吹着小老百姓头上的草，方向马上朝着一边倒。这就是文化的感召力。

有文化的衡阳书生，跟无论有无文化，但一定既土又猛、既智又勇的湘潭人，都容易做朋友。说到地域性格互补，相辅相成，今天我们看衡阳人、著名作家唐浩明对湘乡（双峰）人曾国藩青睐有加，称为“异代知己”，相亲相爱得像一个人，同样正是这个原因。他们像两颗齿轮，可以最严丝合缝地咬合，最融洽地贴近。两人一个做事，一个写做事，一个打架，一个敲锣，是南方版的绝妙“二人转”。

衡阳人像书生，固然跟南岳山的香烟有千丝万缕的联系，但我想衡阳人的书生性格，跟王船山这位伟大人物有莫大关系。船山先生是位了不起的大人物，毛泽东年轻时代对他崇拜得不得了，他对毛泽东的影响也大得不得了（有学者分析，王船山对青年毛泽东的影响，大致通过两条路。第一条是：“王船山——谭嗣同——杨昌济——毛泽东”；第二条是：“王船山——曾国藩——杨昌济——毛泽东”）。三十三岁以后，王船山就开始“栖伏林谷，随地托迹”，甚至变姓名为傜人以避世，刻苦研究，勤恳著述，垂四十年，始终未剃发。这是一个孤高耿介的人。王船山虽然也起义，反清复明，但没有成功。为什么没成？一切因为书生。书生造反，十年不成。徐敬业反武则天，一纸檄文，让武则天不怒反笑，拊掌揣摩，爱之入骨，也就这个道理。王船山晚年读书，更加有点隐与飘逸。我看他的画像，脸上骨头消瘦，像青灯下熬的夜，眼睛深刻凹进，放到今天就得戴玻璃底，怎么看都怎么像是书生。事实上，他正是历史上中国知识分子中稀有的人物。

追溯更早，衡阳闻名天下，所在是石鼓书院。

石鼓书院始建于唐元和五年（810），与岳麓书院同时驰名于外。时衡州名士李宽在石鼓山寻真观旁结庐读书。宋至道三年（997），邑人李士真拓展其院，作为衡州学者讲学之所。景佑二年（1035），朝廷赐额“石鼓书院”，与睢阳、白鹿洞、岳麓书院并称全国四大书院。经唐、宋、元、明、清各朝，书院屡经扩建修葺，韩愈、周敦颐、朱熹、张栻、范成大、辛弃疾、文天祥、徐霞客、王夫之等接踵至此，或讲学授徒，或赋诗作记，或题壁刻碑，或寻幽览胜。

我对石鼓书院殊无多少印象，只有高中期间，有几个人声称是石鼓诗社，去学校到处拉人。这大概就是书院的影响力。我对岳麓书院，熟悉程度高过家乡的书院，所以书生衡阳，更大程度上乃是因为，一切湖南人身上多有书生气，而衡阳更加明显。

从历史上的衡阳人身上，看文人武人，官员平民，挑夫卖担，引车卖浆，如过江之鲫。书生形象虽然千差万别，但我以为，他们身上都有几个显然的共同处：翩然飘逸。

这个特性一直延续了下来。在长沙，衡阳人的新闻圈里有个老乡会，我曾参加过几次，其中不少人做了电视台、电台、报纸杂志的头儿。跟衡阳老乡们在一起，那种气味，正是翩然飘逸的书生味；对应地，衡阳人的激情与血性，也是夏明翰味。即使不见面，隔一堵墙听碰杯，都能让人闻出是衡阳味。

衡阳书生味演变而来，民间曾流传一句话，叫“衡阳人半边脸”。这句话版本流俗，我一直弄不太明白意思，猜想是衡阳人立场不坚定。书生天性中有软弱性，举起左手打右边的人，举起右手打左边的人，自己时刻站在中间。书生的好处是具备包容心、会生活，缺点是做大事没有心理素质。所以“火车好坐，衡阳难过”，根本是个伪命题。

我有一个衡阳老乡，他一直在政府部门，他是个对古代文化入迷的人，所以许多时间，都钻进了纸堆里去。某次我回到衡阳，他跟我谈起天来，噼里啪啦，一肚子埋怨的话，将家乡说成脏乱差的名词。待到下午进了南岳，他又觉得衡阳天下第一，说自己要是离开衡阳，这辈子都活不了。爱恨交织的衡阳，化作书生饭后闲聊，落成两三句斑驳文章。

就像岳麓山是天下湖南人的精神家园，南岳衡山是地球村里衡阳人的心灵家园。衡阳人只有从南岳走下来，才会将一腹牢骚，几缕愁肠，付诸袅袅香烟，对故园复感到如此热爱。

衡山是中国五大山，也是湖南的门面山，名气又盖过岳麓山。所以，我一直疑惑，衡阳为什么没有成为湖南的省会？

衡山之所以出名，不因任何其他，它根本就是一座文化山。论高度，衡山远不如郴州的莽山。2007 年我到郴州，当地官员有点落寞，只好比较说：衡山的意义全在文化。中国历史，但凡都城、省会，首选之地，因为文化。洛阳、长安因定都而出名，定都让它们更有文化。

书生衡阳的形象，更主要的是因为：衡山也是湖南人的文化发源地。

衡山七十二峰，岳麓山只是衡山的脚。但岳麓山却成了湖南的中心。衡阳处身湖南的中间，也是湖南的南大门，像湖南这颗脑袋上的鼻子，掌握着呼吸。它的重要性如同呼吸，一秒也不能停止。而且，用一句话说，湖南就是八百里南岳，八百里洞庭。洞庭湖产鱼，南岳田出米。鱼米之乡，鱼是菜，是配料；米是饭，是主食。按中国的文化传统，山是父亲，是刚强与主宰的；水是母亲，是温顺与跟从的。这一切无论从地利、人和，还是从文化、发展，都有理由让衡阳成为省会。

但衡阳到底没有成为省会，可能跟衡阳的书生意气太浓了点有关。当然省会的事情，跟历史封建建郡也有关，比如长沙早在秦时就已建郡，但这已不是本文要说的了。姑且一说，供闲考。

在湖南这块火辣的土地上，置身彪悍、勇猛、刚烈中，书生衡阳偏向灵秀。灵秀也算得上衡阳人的特质。“雁城”的名字，据说来自“北雁南飞，至此歇翅停回”的传说。与毛泽东的“天高云淡，望断南飞雁”之句比较，不那么大气、果敢，依然是多情与灵秀。南岳给外人的印象，同样不是大气、雄浑，却也是“独秀”。秀，无论是内秀还是外秀，都是只有书生身上才会散发出来的独特气味。

书生固然有不少缺点。比如除了“秀才造反造坏自家胳膊，只会拿本主义书天真地喊”之外，不是全无好处。要发现书生衡阳的好处，我们不妨将湖南这颗脑袋再放眼细看。比较来说，衡阳不是湘西那么自然人性的道家气息，也不是长沙、湘潭那样火热、滚烫的儒家俗气，而是介乎二者之间，巍巍然自成一风格气度：积极入世，超脱生活。

我在老家有许多朋友，他们都以读书著名，也全靠了这个本领而闯荡地球村。我以为，衡阳的书生气息，在湖南所有的文化中，包容性最好。印证的事实：南岳山上儒释道可以并存，大家同时开讲，彼此井水不犯河水。

总而言之，衡阳可以将其他城市的性格调和，而不至于反差过大。湖南人内部摩擦多，无端消耗许多精力，它需要一种性格统领。前面说了，书生软弱，所以包容。包容者，泰山不让土壤，江河不择细流，江海能为百谷王（往）。这也是书生与感觉尖锐、眼口心都不能容人的文人的一个最根本的区别。

手掌常德

我刚到长沙那几年，听得多的却是常德人。当然不是说：老长沙都孔融让梨，孟母三迁，纷纷去到美国、北京，弄得如今满城尽是常德人。但常德人占据了长沙人的天下，却是无论看街上人头，还是去政府办事握手，都可以看到或感觉得到的现实。

我某次无意间听到一帮子人吹牛，一人说湖北人厉害。坊间传说一句话：天上有只九头鸟，地上有个湖北佬。湖北人也一直将这句话当作名片。

但很快街坊邻居就将湖北人搞成了陪衬。因为后面还有两句：三个湖北佬，抵不上一个常德佬。这传说颇像《诗经》惯用的比兴手法，先言他物，以引起所咏之物。通俗地说，就像诸葛亮被三顾茅庐前刘备一路所闻。

我头一次了解常德，是 2003 年时《今日女报》的一次策划。那时我受命做一个“湖湘文化”系列报道，就是“文化通俗版”，想办法将几个人看得懂的文字，写成6700万人读上去像吃饭一样容易的报道。常德成了我去的第一站。当时社会纷纷在传闻“常德现象”。

被搞成现象可不得了。1999年中国有“余秋雨现象”，结果他的文章就入选了中学教材。

那次我听来两个词语。官方的说法，常德文化是“厚德载物”；民间的说法，常德文化是“追求完美”。走在湖南的大街小巷，常德人不需要闻，只要看一眼就能分辨。他们的外表，给人第一印象，都是十分稳健。玩笑地说，就是他们“都长着一张很主流意识的脸”。常德人很适合做官，也挺能做官，据说湖南省厅局以上的官员，常德人占了一半。哪怕只是空穴来风，这已足够吓人。我2003年在常德一个农村，当地人津津乐道地告诉我，他们单是某个村，处级干部就出了20多个。这说出来确实已经吓人。他们带我走到常德诗墙，跟沅江一起顺流，不知走了几多里。在今天这个欲望火辣、文化一边稍息的时代，还能看到如此高雅的政府行为，我从心底里感到尊敬。

常德人许多在外闯荡，而他们一走出常德，又多是人物，一个不大的湖南，几乎就是放大的常德城。以中国之大，地球村之辽，四处都可碰到常德人忙碌的身影，我对此曾十分困惑不解。难道这个地方水土好，人一生出来智力就高过别人？

这话被跟我谈天的常德人自己否定了。他们认为，常德人如今搞得这么红火，靠的还是文化。因为每个常德人都在“追求完美”。

在我跟湖南人的交道中，常德人最迥然不同的一点，是他们几乎从不意气，或者说情绪化。他们的理性将情绪控制得服服帖帖。这一点在湖南人中几乎不可想象。如果我们跟邵阳人打交道，他们就很哥们儿义气，跟你好就是铁哥们儿，随时两肋插刀，脑袋可以借给你做板凳；如果一旦闹翻了，让他觉得伤了心，他会毅然决然弃你而去，或者以毁灭性代价，给你以致命打击。换了常德人，他们就不会这样。用他们自己的话说，这就是“追求完美”，换句话说叫“精明”。我身边一些朋友，有常德人跟邵阳人站一起，果真就有摩擦。邵阳人喊打喊杀，常德人说莫急莫生气，三下两下也就摸顺了。两地人处理同一件事情的方式，反差实在太大，算得上湖南地域性格两个极端。

理性到不偏不倚，我感到常德人骨子里相信的还是“中庸之道”。

但当你跟常德人打交道，以为他们都是不温不火，那就错得比较彻底。常德人的血都是火热的，他们身上散发出来的都是一股劲道。这让他们不偏不倚地追求完美，却压根就不是中国传统说法上的中庸。

湖南有句俗语，叫“常德德山山有德”，我感觉到的常德味道，确实有中国传统的道德文化。好像有一种不约而同的力，让这里的人都遵循一种规矩，特别看重个人的修身。每个人都在想着将自己最好的一面给到别人，所以我曾看到的常德城，也是湖南最干净、卫生、环保的城市。

湖南人最不讲规矩，也不按套路出牌，甚至不好好走路，所以即使长沙贵以省会之尊，其热闹喧哗，乱跑乱串，也让人感到像农村集市：五一路修好那阵，长沙报纸都红着脖子，整天讨论“撞了是否可以白撞”？他们骨子里想要车让人。不是他们多有人情味，实在将要穿路被撞的多；越乱越有人，不乱没有人。人性格就这样。常德人改变了湖南人的乱象。

跟常德人交往，他们身上总隐约散发出那么一点要让你敬畏的感觉。但他们是不难接近的，甚至是亲和的，所以这灵光一闪的感觉，也就是“寻常看不见，偶尔露峥嵘”。我在常德时，一女生跟我谈哲学，谈得神秘且又悬乎，我问起她，才知毕业于湘潭大学哲学系，工作6年，无时无刻不想哲学。这让我心里惶恐起来。我一直以为，地球村里，女子有两件事不能做，一是搞相声，二是谈哲学。但长沙女人何晶晶将我的以为打碎了，她冒天下之大不韪，干脆做起了笑星。这次常德女子又谈哲学，还那么深入。湖南女子打破常规，不按套路出牌，让人已不是怕，而是惧。

常德人确实是有点神秘的，或许道德文化本身就给人以神秘感。这种神秘，就像常德米粉的味道。米粉是随处可见的那种，唯一的不同就是汤。我曾跟常德某个诗人问起过，他告诉我说：常德米粉的汤，是用一种秘方做成的，有些特殊的味道，外面人模仿不了，也破解不了。

但一碗常德米粉，却可以窥斑见豹，看见常德人。常德米粉火爆，固然因为味道不错，但跟常德人的“亲帮亲，邻帮邻”意识太浓有关。据说当年他们一家分店开到外地，只要站稳了脚，马上就拉来亲朋好友，跟着自己一起做，有钱大家赚，有财一起发。常德米粉在长沙遍地开花，几乎都是这样做起来的。

做米粉的常德人在我印象中不错。2000年年初，我和几个人在长沙河西岳麓山下办一张大学生报，口袋办空了，没钱吃饭，便说先欠下做米粉生意的常德夫妻。他们除了我经常去吃，连哪里人，在哪工作都搞不清，也爽快地说：冒（没）事，冒事。这对夫妻只租一间门面，门面上搭一层木板，被炒锅熏得又黑又暗，他们晚上就住在上面。我后来聊天，知道他们都是庄稼人，一个儿子刚上小学，老乡叫他们来，他们便将稻田租了出去，二话没说来到长沙。他们吃苦的精神、诚实的为人、善良的本色，在内心里打动了我。这也是我对民间常德人的深刻印象。

如果说湖南人做生意在全国有点落后，那么常德人会告诉你他们不会落后。这跟他们的帮派意识有关，而且他们将帮派意识已经上升到一种文化，就像安徽、山西的商帮一样。为什么常德人如此齐心，能够做到空前团结呢？又是一个常德的朋友跟我道出了秘密：沅江以前经常发大水，抗洪抢险是经常的事；洪水一来，如果不团结起来，反而各干各的，谁也救不了。正是这样在抗洪中团结，并且逐渐成了一种习惯，一种文化，常德人依靠团体，相互帮助，做成了许多别的人做不成的事情。

湖南人给外界的印象，从来都是好斗，独立意识强，合作意识差，俗语是：一个湖南人是条龙，三个湖南人是条虫。但常德人却改变了湖南人的这个性格宿命。常德人王东京，是中共中央党校经济学部主任、教授、博导、享受国务院特殊津贴专家，他写过一本书，叫《中国的难题》，曾专门将湖南人的缺点挑出来，说了五个方面，其中就有反对好斗。他说：在中国人当中，湖南人以踔厉敢死，敢作敢为著称。打打杀杀，有你无我；在发展市场经济的今天，则更讲求宽容协调，合作共生。

在我的理解中，常德人跟湘潭人的气味有点相通。但他们相通之处最大的分别是：湘潭人是偏“土气”的，而常德人是偏“雅致”的。他们就像同母生的两兄弟，一个一直活在农村，但一个却从小就进了城。

但常德人做事的气魄，却让人不得不刮目相看。常德人魏文彬，起于青蘋之末，将湖南卫视做得风生水起，在世界也造成声势，在湖南人影响力日渐式微的时代，也再一次让湖南人雄起，让世界听到了湖南的声音。

伟大的人物，往往崛起于民间；伟大的性格，从来也往往潜存在民间。所以，我看到更多的，是那些普通常德人。在他们身上，你随时可以感到一种合力，一股团结力，一种冲力。用四川话说，就是雄起。

2008 年四川汶川地震，我跟同事策划了一起湖南最大的行动：千名爱心志愿者用爱托起塌陷的汶川。在那段整个中国悲痛撕心与哀伤低回的日子，我的一个普通编辑小慧，一个来自常德的女孩子，在大家都忙得抽不过身来时，她做完自己的工作，主动过来帮忙加班，一点也不事先声张，一加就是好几天。这在“80后”一代中，我是第一次看到。她刚从湖南一所著名的大学新闻系毕业，在长沙自身未稳，但捐了一个月工资。她最爱说的一句话：四川，雄起！仿佛是自家遭灾，让人感到巾帼之气。那段时间，我几乎偏爱她。

当然，接触过的常德人多了，也碰到过一些搞笑的。我有个常德老同事，在兄弟圈里混不开，哥们儿都嫌他太精。我一介书生，生活里算宽和的人，他碰到我，就来递烟，没事扯两句。有次他可能接了一家杂志，内心里颇为踌躇。一次偶然碰上，他大哥一样，拍拍我的肩膀，说：兄弟，我忙不过来，推荐你去做编辑，怎么样？我当然不是朱买臣，但心里有点翻，这事不好说，就给了他张名片，他抓紧看了，马上改口说：老兄，你那里可招人？何时我帮你打工去。我虽知他在圆场，但对这种偶尔贸然的高调，还是感到不爽。我感到他有点浮与飘。

逐渐地，我也发现常德人的阿喀琉斯之踵：

常德人普遍出人头地，自然不错，但他们有时高兴起来，整体上开始出现自我欣赏的苗头。用句不客气的话，就是自恋。他们倾向于陶醉其中，有时让他们像热恋中的女子，智力出现让人惊讶的跌停。

常德尚德文化，追求自我完善，这造就了不少“完人”，但他们的格局有限，气度不阔。他们身上，缺乏邵阳人的刚性，也欠缺娄底人的蛮。就是说：真正大气象的常德人，少之又少。好比说，山在那，他们多在珠峰半山腰之上，而稀有到达峰顶的人。我想：常德的大人物，是否成于完美，又毁于完美呢？湖南许多大人物都是大全大缺之人。这当然已是求全之毁，供性格研究者备参。

性格里的常德人，这时也就全面。照前面说的，如果长沙戏称为“嘴巴”，那么常德的形象，就是一只手掌。他们一切的智慧、道德、文化、团队精神、追求完美的心态，像水墨融合，画出一只手。这只手当然还不是翻云覆雨手，但却是一只勤劳的、智慧的手。中国古人形容一个人的智慧，就说心灵手巧，常德人称得上心灵手巧。

写到这里，我脑海里再度飘飞过一群鸟，那是自豪的湖北九头鸟。但就在鸟的对面，迎头伸出一只手。手与鸟构成一幅对峙的画面。画面很直白地告诉我们：为什么湖北人怕常德人。鸟最怕的是人的手，因为一把就会被抓了脖子，这等于蛇被人抓了七寸。而且鸟虽有九头，但人手有十指。

似乎王尔德说过，一切比喻都是蹩脚的。所以这个关于手与鸟的比喻，当然也只是个玩笑的类比，供文化研究者一笑，笑后或许发现也有点道理。当然我也不是鼓吹湖北人跟常德人去打架。有这个想法的人，未免小觑他们的判断力，又太高估了自己。但在今天依然进行的生活中，湖北人依然畏惧常德人，却是事实。

我亲耳听几个湖北的朋友说起，他们跟常德人开公司，同时做主任，搞了几年，最后还是让常德人做了总经理。湖北朋友至今仍没搞懂，那个常德人用的什么方法。他如今已患上了“常德人恐惧症”，一听到常德人就脑袋发麻，心里发怵。恨不能找个地方溜了，今生来世再不遇到常德人。我们听得哈哈大笑。

这个故事告诉我们，人应以团结为尚，不要逞强使能，争胜好斗；人应该相信，举头三尺有神明。好斗的结果，会将自己玩得无路可逃。至于两地人为什么好斗？可能源于他们太像。人以群分，这是古人的发现；今天研究心得，还得考虑加句：人以似我者分。

许多时候，我们总以为，传说多是虚妄，是道听途说的玩笑，直到一天，后来者居然一直没有人打破传说的预言。到那一天，一切都已覆水难收，才叫人追悔。

跟常德人做朋友，他们还是够朋友。他们不会让你得到更多，但一定不会有变。但你得准备，常德人是大哥。他们一双勤劳、智慧的手，可以创造财富，也可以像皮影戏，变幻出魔术的动作，在关键时候，去帮你，扶你，如果你跟他很铁的话。所以你不能飞起来，去啄他的手。

如果说，在邵阳人前谈打架，等于在阎王面前探讨生死；那么，跟常德人比斗智，等于在诸葛亮跟前谈八阵图。孔子说：有朋自远方来，不亦乐乎？等于说：跟常德人做朋友，是件快乐的事。这是否喻示：跟常德人为敌，会将自己弄得丧气？不得而知。和谐社会，以和为贵，和而不同，只友不敌。事实证明，将来试图掌控常德的手掌，仍是个看不见前途的事业。因为你得反看：身上还有什么好器官呢？

血性邵阳

写邵阳时，我脑海里首先浮现许多熟悉的身影。他们的一举一动，血气方刚，勾画出我从小到大的记忆，塑造成一个大致完整的形象。像从画中走出来的邵阳人，活灵活现，他们现在就站到了我面前。我想再走近，去看清他们的脸，但隔老远就被辣到目光的，却是邵阳人那双手。

我同时就想起常德人的手。用不着去比较，仅凭肉眼就可看到，在常德人绵里藏针的手掌对面，提着的一对，分明是邵阳人那双手。它真正亮出了邵阳人的血性和勇猛。

无论是在湖南还是出了湖南，邵阳人是让人畏惧的一群。有句坊间俗语，说“外省人怕湖南人，湖南人怕邵阳人”，一语画出了邵阳人的狠样。因为以前没人道破，所以我甚至想象，一百年后，这句话同“是国家不可一日无湖南，而湖南不可一日无左宗棠也”一样，广为地球村的人借用。

如果说邵阳人在湖南人中是最有血性的一群，我想本省人听了不会作声，从外省进到过邵阳的人听了不会有意见。10 多年前，当有人在媒体唱衰湖南，还是邵阳人周兴旺最先血性喷涌地站出来，豪情万丈地向全世界宣言：湖南人凭什么?

周兴旺写文章，激进有余。可能在他看来，做文章就是打架。打架不是绘画，不是绣花，不能那么雅致，那么温良，那么从容不迫。周兴旺这一声大吼，我们可以清晰地看到蔡锷的影子。

当年反帝倒袁，护法护国，蔡锷也是第一个站出来。靠着一代名妓小凤仙，连滚带爬逃出魔鬼的地网，以再难复加的激进，在云南摇旗呐喊，猛打猛冲。他一双手像涂了阎王爷的唾沫，所打之人眨眼之间挫骨扬灰。是以他吃了豹子胆，以区区 3000 人，打退了对手 10 万人，终将袁世凯推进地狱，还扶上马，双手像催命判官，送袁大头上西天，从阎王爷那转狱见上帝。这事让安徽大知识分子陈独秀知道了，他激动得不得了，兴奋得不得了，赞叹声也不得了，专门找到蔡锷先生，将他写进《欢迎湖南人底精神》。“江浙人出钱，广东人喊口号，湖南人流血”，性格宿命故事，也就从那代人开始。

以蔡锷之血性、敢爱敢恨，其率性之真，让任何人都可能张口结舌。毛泽东早年写《湘江评论・发刊词》说：自“世界革命”的呼声大倡，“人类解放”的运动猛进，从前吾人所不置疑的问题，所不遽取的方法，多所畏缩的说话，于今都要一改旧观，不疑者疑，不取者取，多畏缩者不畏缩了。毛泽东之前，湖南人唯一说到做到的，大约只有蔡锷。

据说蔡锷送袁世凯从阎王爷那转狱见上帝前，某次选举怒火攻心，便形于行动，顿时惊世骇俗：只见他大摇大摆，郑重其事，将袁世凯一手叉掉，用选票推举妓女小凤仙，来做中华民国的大总统。这样愤世嫉俗，等于告诉世人：老袁坐在大总统位置上吧，没有人知道你是一条狗!

结论是：跟邵阳人丢掉实的，专玩虚的，他们会懒得啰唆，一手将对头推进茫茫太空，让可怕的上帝与他在无边的空虚里永久对话。在需要英雄、呼唤英雄的时代，邵阳人当仁不让，成为顶天立地大英雄。

湖南人以善吃辣椒闻名于世。毛泽东说：不吃辣椒不革命。在邵阳人看来，这话太温良。应该说：不革命吃辣椒，革命吃火药。抓一把辣椒说事，邵阳人与其他 13 个城市最大的分别，就是他们吃进的是点得燃火的朝天椒，不是辣出个汗也辣出泪，而是朝天椒全消化成了汽油，一点巨冲，烧红半边天。

往小里说，得罪一个邵阳人，等于拿自己的生命开玩笑。火热到滚烫的邵阳人，对待朋友比春天还温暖，处理敌人比冬天还冷酷。

2003 年时，我采访过一个被人诬陷为“强奸”的老师，这个老师其时四处联系媒体，我头一家报道这事，公道也算帮他讨回来了。但他当事情只是开始，继续上访、写信，最后申请到了国家赔偿。按理这事到此，也就可以作结。但老师继续上告，请求对诬陷人以刑事处分。

几年下来，老师花过的时间、金钱，足以让自己倾家荡产。但倾家荡产这事儿在他眼里根本就是小事。无数的困难摆到面前，许多人说那不可思议，早早知难而退，或者望风而逃，但邵阳人不。

如果说这个老师要讨回小公道需要付出长征的代价，我相信他眼睛都不眨一下，一秒内夺笔签字。如果要走五万里，他还是会牙根铿锵，满口答应。得罪了邵阳人，有什么办法让他们不“回报”？唯一的可能，也只有他在求公道的路上病死了。等于说：要得罪了邵阳人，他们觉得内心不平，随时将有毁灭性。是的，毁灭性的后果，两人必有其一。

孔子说：以德报德。在邵阳人看来，这固然是非常之对：假以脑袋报德，也未尝不可。但孔子又说：以直报怨。邵阳人对这句嗤之以鼻。

都是哪里话呢？他们要以怨报怨。

出手沉重而痛快淋漓，邵阳人的骨子里是勇猛、彪悍甚至凶悍的。无论世界多么混，有邵阳人存在，他们就能挖出真。无论世界多么乱，有邵阳人一站，乌鸦都不再作声。

我的奶奶是邵阳人，我小的时候，常听到一些发生在民间邵阳的武打故事。有杀人放火，有逃狱越货，如今想来依然那样让人心惊肉跳，但那里有许多刀光剑影，我到今天依然看不分明。只记得老家与邵阳交界处，每天都有拦路收费，有农民背起锄头、耙头，端起鸟枪、炮火，在相互搏斗，打得热火朝天。与人斗，其乐无穷，所以他们将打架当作人活于世的存在方式。打得伤筋断骨，根本就是小事一桩。正像歌手郑智化唱的：他说打架中这点痛，算什么，擦干泪，不要怕，至少我们还要打。

一句话说：对邵阳人而言，生活就是打架，打架即是生活。初看之下心惊肉跳，司空见惯乐在其中。

后来我听到一个笑话，才知道不是我当年不明白，是邵阳人刀剑太快。笑话说，三个湖南人在米粉店吃，相互吹狠。一个说：我跟人三句话不对头，就要一拳打趴他！第二个说：这算个啥！我看人不顺眼，就一拳打得他脑袋开花！第三个说：鸟！老子进门懒得看，先打死一个人再吃！这第三个吹牛的正是邵阳人。民间的邵阳，双手双拳，武器精良，跟长沙嘴巴类比，乃都是对话交流工具。金庸的小说也有武打，多是“不打不相识”，萍踪江湖，侠骨柔情，那太秀气。邵阳人是既铁骨丹心，又侠骨柔情，但总觉得金庸太娘们，他们要“不打死你不算认得”，这叫痛快淋漓。

如果说这多在民间，那么在文化精英层，给我印象至深的，正是从邵阳走出去的大经济学家何清涟。何清涟刀剑犀利，直指中国现代化的陷阱。她“眼里不容一粒沙子”的精神、“一个也不宽恕”的精神、凛然一身正气的精神，即使以锋芒横世的鲁迅，也不过如此。

所以，邵阳人血性喷涌，火暴打杀，已经融进血脉，化作基因，成为一种精神。这种精神流传千年，又化作性格。性格跟读书多少，从来毫无联系。哪怕一个邵阳人18岁前拿到10个博士学位，这种文化的熏陶，也丝毫改变不了其来自骨髓的性格。

我们终于明白：对邵阳人而言，这世界没有能不能做到的事，只有他们想与不想做的事。毛泽东说：世上无难事，只要肯登攀。在邵阳人看来，世上就只有事。没必要将事细分，还用难易来区分。

因此我们看到，邵东人做商业，也是风风火火，跑遍地球村。中国人有没见过邵东人的，但没有未用过邵东货的。

1999年时，我在长沙碰到一邵东哥们儿，摊开一摞袜子，当街大卖，5毛钱一双。那生意好得不得了，一天下来，少说也卖了1000多块。数钱数到手发抖时，突然接到电话，老家人告诉他一个商业机密，某地“钱多，人傻，速来”。这哥们儿啪的挂了电话，马上高起喉咙喊：我这边还有一麻袋！你们谁要拿去，就100块钱！一专摆地摊的老头过去，还想讨价。邵东哥们儿说：找死啊？想要就拿去，老子没时间跟你瞎扯。老头又想要又害怕，摸出一张老人头，邵东哥们儿一把夺过，说：归你了！拍拍屁股，眨眼不见。老头承他旧业，慢条斯理，结果卖了5000多块，发了笔横财。

这看来像是笑话，却是真事。

邵阳人精神，或者说气魄，让他们有一个想法，马上就将变成现实。如果将他们做生意用一句口号概括，即：即使造假货，也要卖到全世界。

口号像李白写诗，当然不是事实，像邵阳的药材，以货真价实闻名中国。不惜一切代价，全力做一件或许很小但自己认为有意义的事，这是真正的“没有做不到，只有想不到”。

邵阳人的执着让人敬畏。他们凶悍，下手非常痛快，没有丝毫犹豫，这种精神，并由此而生长的性格，已颇有历史。中国人都知道，近代中国第一个睁眼看世界的大人物叫魏源。这位从邵阳走出去的狠角色，也只有他敢说：师夷长技以制夷。制夷就是要制服外国人，要控制住外国人，以毁灭性代价去报复，让外国人尝到侵略中国的后果。楚虽三户，亡秦必楚，这是老话。今天要与时俱进，我看得考虑改成：邵阳一人，夷平世界。邵阳人风骨，是中国危难时刻的最后一道屏障。

为了直观易见，让我们看清邵阳人在湖南人中的性格区别，我设想这样一个场面：一群数以亿计的侵略我们的人，如果可能，被同时悬挂在太平洋的高空。湘潭人来处理，最可能是先跟他们讲道理，分化他们，然后将他们救下来，争取转变阵营的人，再借他们去攻击那些顽固不化的家伙，两相拼杀，最后幸存了几千万人，被湘潭人带回去。衡阳人来处理，给每个人发一本书，学儒学佛还是学道，那随便他们。能背下几页书，就分散打发他们都回去，劝他们从此好好做人，别再使坏。但换了邵阳人来处理，他们眼如鹰隼，眉如刀枪，脸放红光，一不做，二不休，三不问，四不看，搬来一把大刀，一刀下去，刀飞绳断，那些人在惊天动地的尖叫声中，如陨石一样疾沉直下，彻底葬身海底，永世不得翻身。

这大致说明白了邵阳人凌厉与凶悍。我几年前看到邵阳城，那形象就似一个蓬松着头发，准备带上鸟枪炮去打人的模样，细看之下满城有着动感。以邵阳人的聪明才智，中国确实难有地方出其右。但为何邵阳城市漂亮还不如邵东县城？看来他们的才智多在打架上消耗光了。要管住一个真正的邵阳人，比管住一个省城，并不见得容易。在中国之内，他们最不可能低声下气，所以你不能奢望他们奴性，做你的跟屁虫。

邵阳人即使表达温情的一面，也是那样富有侵略性。

如果说，一切真正的性格文化，从来都只能星罗棋布于民间，那么，关于邵阳性格，我们从地底里、草根上，更容易感受得到。我曾到过邵阳做客，主人请吃饭喝酒，我略作推辞，想要离开，他们就“呼”的一下过来，用他们有力的双手，将我牢牢摁在座位上，根本动弹不得。只有吃好了喝好了，他们内心里觉得对得住你，没有亏欠，才会十分满意。在邵阳人看来，请客吃饭就是革命。既然革命，就不是绘画绣花，不能那么雅致，那么从容不迫。

我有许多亲戚在邵阳。每到逢年、过节、做生日，必有许多邵阳人来，他们来则必打牌，打牌必吹牛，吹牛必喝酒，喝酒必烂醉，醉后必打架。因此我的奶奶，每到这个时候，都要张罗，多给家里腾出床铺，提前预订几个劳力，以在他们打得头破血流后有个抬去休息的地方。待到他们梦而复醒，一摸脑袋，倒霉！刚才肯定睡死了，掉到床下去了！一跃而起，穿屋横堂找老表：老表老表，继续打牌。吆喝再起，声音穿透十里开外。

我有两个姑妈后来也嫁到了邵阳。每次去邵阳做客，他们都很客气。即使家里空了，他们都会想办法借，拿最好的东西来招待你，即使举全家之力，他们也在所不惜。就为让你充分尝到做客人的被尊重和愉快。如果借脑袋当板凳，你觉得舒服，他们二话不说，已经蹲下。但如果你在某些事情上做砸了，弄过分了，得罪他们了，他们会一直记在心里，在将来某个时候，将你的不是说出来；如果不是这样，那么糟糕的是，已怒形于色，再不理会你，心里跟着从此记你一笔账，找上门来公开宣布从此与你断绝交往。

如果这些都没发生，那么我更不能祝福你。我会老实提醒你：当心某时忽然被一双手打断腿。

文人永州

《红楼梦》里说：男人是用泥做的，女人是用水做的。我想问曹雪芹：永州是用什么做的？柳宗元用一双忧郁的眼神告诉我：永州是用眼泪做的。

说到永州，我脑海里自然浮现出柳宗元。峨冠博带的柳宗元形象，让我总不自觉地发现，永州人的气质，越看越像一个文人。如果说这是“因人而城”，很干脆，这算民间版的“倾城之恋”。

同属于湘南地区，同衡阳形象类比，永州在某些地方气味接近。但正如书生与文人最大的分别，在于他们虽然都有文化，但做书生是为了学问，当文人是为了感情。

进一步说：书生求的是科学，文人爱的是美学；科学理性，美学感性。因为一切的文人作品，首先都得要感染别人，这要求文人首先有一种情绪。永州在湖南的土地上，情绪刚好一直丰沛如雨。

为了证实永州人的情绪，我翻阅了一些资料，知道永州所以又叫零陵，得名于舜葬九嶷。《史记·五帝本纪》载：舜“南巡狩，崩于苍梧之野，葬于江南九嶷，是为零陵”。这里所说的零陵，实际上就是舜陵，或者说舜陵的别称。

这里我们读出的是悠久，文化越久就越让人景仰。如果到此为止，永州既可以是书生，也可以是文人。称“文人永州”，源于娥皇、女英千里寻夫的动人故事。

舜帝南巡死于九嶷后，舜的两个妃子娥皇和女英，千里迢迢从中原来到九嶷，想要找到舜帝的陵墓。她们一路寻找，一路伤心落泪，直到泪尽泣血。泪血洒到竹子上，留下泪斑，使竹子成为泪竹（斑竹）。作家余秋雨在《文化苦旅》里用到过这一典故，只是搞错了舜妃身份。伟人毛泽东写诗说：“斑竹一枝千滴泪，红霞万朵百重衣。”用的也是这一典故。

但故事结局忧伤。娥皇、女英最终没有找到舜帝的陵墓，在返回中原途中，双双投水自尽于洞庭湖。为了纪念娥皇、女英的多情，人们将舜陵改称为零陵。

零陵的意思，到这里就明白了，是“为舜帝陵墓涕零如雨”。用毛泽东的话说：永州人对着舜帝陵墓，泪飞顿作倾盆雨。

我惊讶于永州的哭泣。总结后发现，从中国有第一个诗人屈原以来，大文人都必得经过哭。屈原算是哭得最伤心、最绝望也最哀婉的一个，他被鬼谷子的学生张仪害惨了，到处是小人，艾萧太盛椒兰少，受不住啦，懒得啰唆，一跃冲向万里涛。长沙的贾谊，则仅因为梁王骑马摔死了，他跟着难过得死了，让毛泽东替他万分惋惜。到了柳宗元，他虽不及苏轼，但也比起前人豁达，所以被贬到永州，虽然常被异蛇吓到，但不像后来的林黛玉。他可以擦干眼泪，写山水自然的《小石潭记》，将泪水转化成潭水，滋养一方土地。

自从有了柳宗元的一声大哭，永州人一度被深埋的娥皇和女英泪腺，又被激发活了。所以在我看来，永州人的基因是忧伤的，而忧伤是文人的标签。当一种忧伤沉淀了五千年，忧伤本身已成文化，深入进这块土地。

延续永州这一忧伤文化性格基因的，也正是中国历史上一批伟大的文人，其中包括柳宗元。被贬官到永州，他们的情绪，用白居易的话说，就是“江州司马青衫湿”。

哭是一种伟大的声音。中国无数伟大的人物，几乎全是靠哭出来的。岳阳的屈原、长沙的贾谊，都是哭得伟大的见证。但如果哭成为一种文化基因，并且成了主要的性格，在现实生活中，面对风云变幻，他就不大可能去横刀立马，或驾风乘云。我们拿邵阳人的样子一对照，很容易就感受到强烈反差。

无他，哭从历史以来，都是女人的声音。西施沉湖，那要哭；长恨歌起，贵妃得哭；杜十娘肝肠寸断，百宝箱丢进河，也要哭。再远看写《有所思》的汉朝女，她火气大，要将负心汉挫骨扬灰，也在哭。最远则在《诗经》里，氓之蚩蚩，抱布贸丝，成了负心汉，害得女子总结教训：士之耽兮，犹可说也，女之耽兮，不可说也。忍不住哭。这么多哭，没有男人哭。

是以：永州无论看得多么阳刚，在湖南这块土地上，气质都是女性。真正的阳刚男人，心碎到极处，仅两种可能：一是怒，词人岳飞那样，要踏破贺兰山阙。二是笑，诗人谭嗣同那样，我自横刀向天笑。男人的愤怒与男人的大笑，都是让敌人发抖的东西，也是让读者或被同化，或感到心里发毛的东西。但纯阳纯刚的文人少会做文学，他们就像梁实秋跟鲁迅谈“永久不变的人性”，只可能想见，但没有人看得见，或许大概有吧。女性的文学，区别在让人看得心里发软。

印证文人永州的描画，是在我接触过的永州人中，整体感觉都是温和的，他们的激情、血性，哪怕是怒发冲冠，要踏破贺兰山阙，从根本上不是邵阳人的力度。

我见过激情血性的永州人，是1996年在深圳期间。那时我高中毕业，打流到宝安一家工地，一个从道县来的老哥，带了他一帮兄弟，承包了一段三级公路。老哥手下有几个四川民工，他们有时冲突就骂娘，好起来时就一起喝酒。偌大一块工地，他们扯一块布铺上，坐在那里，10多个人一团，大块吃肉，大碗喝酒。

道县人吃饭时礼节好像有点多，即使席地而坐，也让人感到有文化。他们跟四川人摩擦多。有一天几个四川人不打招呼拿了湖南人的工具，不说借条，借声都没有。害得道县几个人四下找，腿也跑麻了，眼也找花了。等四川人将铲子还过来，道县人已经气不打一处了。

四川人跟湖南人开玩笑，口头禅是：鸟毛。对极亲密的人，这是亲昵，对稍微陌生的人，这是轻蔑。道县人听了，口里笑笑，也回敬他们：鸟毛。

小摩擦不断，但终究一天也没打起来。父亲曾告诉我，四川人都很怕死，嘴巴上硬，你跟他真要干，他们逃得比兔子还快。他在海南时，40多个湖南人跟100多个四川人为地盘的事，吵了起来。父亲手一挥，对拿起铲子的老乡们挥手：兄弟们，给我上！四川人马上怕了，为头的说：湖南兄弟，我们都是出来求财的，不是出来打架的。就退步了。

我对此不甚了了。后来听易中天说，四川人是“粑耳朵”，什么意思呢？外硬内软。四川是个出才子的地方，李白、杜甫、诸葛亮，他们的基因里喜欢比文，不好动武。这很美好很和谐。我后来想，如果道县老哥是邵阳人，那几个四川人遇人不淑，活该倒霉，身上被搞得多几块补巴。

我想起文人的特点之一是知书达礼。永州人够朋友，他们待人接物，都很有礼。借三句古人的话来概括：刘禹锡《送周鲁儒序》说，永州人“往往清慧而文”；宋《方舆览胜》说，永州“民知教化”；清李逢时在《东安县志序》中说，东安“民雍容而好礼”。这在湖南十分难得，毕竟在古代属蛮荒地。

我猜想，知书达礼与永州深厚的文化积淀有关。偏阴柔的气质，来源于才子佳人，文人墨客。永州的文化地，随便一数有：九嶷山舜帝陵、柳子庙、阳明山、舜皇山、浯溪碑林、江华瑶城。

我 2007 年到过柳子庙，进去时感到被边缘化的柳子，在此地积淀有太深的文气；更早则是高中时，那时组织文学社团，去过浯溪碑林，青葱时光，好学求解，至今记忆深刻。体会是，一个生于斯又长于斯的人，即使是一个平常人，从小耳濡目染，也要沾染几分文气，何况这块土地，有不少伟大文人的后代，他们留下基因，蔓延开来，四面八方，仿佛远处高楼缥缈的歌声，余音袅袅，虽历朝代，不绝如缕。

2007 年时，因为采访去到永州，时任永州市委书记向我们推介的第一句话为：永州是一本书。他甚至建议，我们的专题报道，就以这句话做题。这是永州官方对当地历史文化底蕴的观点。可见他们对文化的自我认同感很强，并以此感到自豪，在对地方特色的保护、开发上，自觉或不自觉地会往这方面靠。

据权威专家的最新研究成果表明：永州是世界稻作农业之源、中国陶瓷工业之源、中华文明道德之源。舜的开明治国、任人唯贤，柳宗元深刻的惜民爱民思想，周敦颐朴素的唯物主义思想和“出淤泥而不染”的高风亮节，“女书”的神秘莫测和瑶文化的千姿百态，以及道县玉蟾岩文物的出土，都给永州刻下了文人的烙印。而这种文人的气质，经岁月水花的淘洗，已经光华洁亮；经时光火炉的锻炼，也已经炉火纯青。

如果可以给文人永州用笔标点几下，让人可以更醒目地看到，我以为四副表情足矣：舜帝忧伤，柳宗元抑郁，周敦颐清高，女书神秘。所以如果去画永州，给人看时已像蒙娜丽莎的微笑。对应表情的四种基因，沉淀在永州世俗与民间的文化里，流淌在每一个永州人的血脉里。永州如果说与湘西味道有点接近，那么最大的分别，在于永州是一种纯粹的文学气，而湘西是鬼魅味。在我看来，四种基因，是永州区别中国任何其他城市的独特气质。

所以人从外面来到这里，被浓郁的文气感染，首先想到的不是打架，而是缠绵地抒情。毛泽东说自己于诗文是“偏于豪放，不废婉约”，他到了阳刚之地，便会说：横空出世，莽昆仑，阅尽人间春色。而一到永州，完全被文气感染，文人的情绪被激发。凄婉绵长的一句“斑竹一枝千滴泪，红霞万朵百重衣”，是柳永气味，是“堆来枕上愁何状，江海翻波浪”。对照他回乡时写下的“喜看稻菽千重浪，遍地英雄下夕烟”，我们会发现，湘潭是一种几乎完全有别于永州的土气、豪气、霸气、英雄气。

文人墨客适合去到永州，它总会有某个细节，某个不经意的地方，悄然打动你的内心。任你高强猛汉，来到这里，已无意铁脚琵琶，唱大江东去；自觉哼出的，却是古道西风瘦马，小桥流水人家。

灵魂湘西

当湖南的地图看上去像个人，我就想到湘西是这个人的魂。

以前曾翻过一本小说，说人死了后会轻掉21克。更为奇妙的是，这21克正是灵魂的重量。我对这个说法颇感神秘，不是说要借科学骂今天许多人行尸走肉，不要脸到多没灵魂。我的母亲是坚信人有灵魂的，所以看上去像在迷信。灵魂既看不见，也摸它不着，甚至也无法感应到；不能迷信，那么就只有相信。人到了湘西，许多事情只能靠相信。

我最早听说湘西，是读小学时那部叫《乌龙山剿匪记》的电影。记得片尾曲有一句词：“也有老母亲，也有心上人；也有生死情，也有离别恨。”一部打打杀杀、恩怨情仇的电影，被拍得情天义海，荡气回肠。后来就读到沈从文的小说，看到黄永玉的画。再后来又看了彭见明的《那山，那人，那狗》。最近还听人在说《血色湘西》。

真正踏上湘西的土地，是2003年。那次采访，走遍湘西山水人家。我因此也写了一个系列日记，收录进了《逼近灵魂》一书。或许因为已过于熟悉，或者还是依然陌生，所以今天写到湘西，我试图将视线调到一个合适的位置，却发现眼前浮现的湘西，依然那么云蒸雾罩，飘忽迷离；迷而信之，仿佛屈原的山鬼，魂去归兮，归去来兮。

湘西给人的感应，始终如灵魂一样，若即若离，飘荡不居。我曾听来的典故，有“湘西十八怪”。如果说这还不足为怪，那么有人会给你讲起神秘莫测的赶尸：夜半，荒郊，山路。一个人手执小阴锣，摇着一个摄魂铃，领着群身披宽大黑布的尸体。尸体头上戴个高筒毯帽，额上压着张黄纸符，纸符垂到了脸上，四周黑咕隆咚，尸体阴森，人古怪潜行。

湘西赶尸是否确有？曾陪同我行走湘西土地的朋友，是泸溪县民政局长，爱好摄影，研究《易经》，给我讲了许多活的故事，我听得汗毛倒竖，他讲得哈哈大笑。死人走路讲完，结果还是谁也没有亲眼看见。

即使有人说亲见，也是某人告诉某人，“他曾亲见”。一宽衣大袍的老者，左手持红绳铜铃，右手挥三角杏黄令旗，铃……朋友讲到这里，我们正走在泸溪的深山丛林，天上有白晃晃的阳光，前面有空旷干涸的田野。人走风动，风吹影动。头上有斑驳树荫、四周是幽深鸟鸣。置身这样的氛围，我体验到一种截然不同的味道，像脑海瞬间闪过一道光，灵光一掠，恍然间看到一个很新奇很陌生的世界。

人的一生，如果去了西藏，回来时内心空蒙，世界渺小；这时再去湘西，人生观在某时发生改变。

我隐约闻到了一股类似云南的味道。湘西人是好语怪力乱神的。他们的想象也非有可比。我后来看黄永玉的画，就感觉到了其中的赶尸味道。没有湘西那种独特的生活，黄永玉的画再奇思怪想，在只会像一个失去灵魂的人。

人的灵魂的味道，也就是人的味道。楚文化史家张正明说，秦人和宋人崇巫，多妖邪气；越人和濮人崇巫，多鬼魅气；楚人崇巫，却是多人情味。楚人对付神灵的办法，只有娱和飨，加上卜和筮。

从画中神秘走出，又仿佛重回画中去，现实与精魂逐渐模糊起来，生与死混沌一体，此亦即彼，彼亦即此，有庄生梦蝶的幻觉。从生命最本原中走来，天赋自然的人性，在山，在水，在江，在空中，在无所不在，在湘西人。到了生活之中，他们便都是有情有义的汉子。

只要你是一个真诚的人，你跟湘西人很容易就做成朋友。

满身洋溢着山野气息，我印象中的湘西人颇为豪爽。他们喜欢喝酒，跟你一碰杯就是三碗。他们也都孔武有力，因之有崇武风尚。早年湘西箪军悍勇善战，曾是曾国藩湘军的中坚脊梁。2003 年时，我在泸溪县城，就看到好几条宣扬武术的横幅。

湘西人好打架，源于人的自然天性，但作为群体到社会中来，这一天性是造成土匪盛行的一个原因。历史进入民国时期，湘西匪害更烈，众多匪首利用湘西险要的山川形势，割据一方，称王称霸，风高放火，月黑杀人。但湘西人几乎没有乱打架，生死情，离别恨，打架亦有道。

司马迁说：西楚一带，其俗剽轻，易发怒。说的正是湘西人。湘西人率真，容易激动。但将他们看成莽莽撞撞的骄男悍女，那又失之千里。楚人的性格，像他们的生活，多姿多彩。他们不仅有筚路蓝缕的苦志，有刻意创新的巧慧，有发扬蹈厉的豪气，有谄神媚鬼的痴心，他们还有顾曲知音的才情。

湖南人的血液里，一半是英雄，一半是强盗。这种最英雄好汉也最乌龟王八蛋的性格，就是作家莫言笔下的“红高粱”味道。但说湖南里最英雄最强盗的，却正是湘西人。如果说无鬼魅湘西人不能作画写文，那么，无土匪则从根本上没有了湘西。今天可以借来穿透历史的古迹，除了南方长城，就是黄丝桥古城。绕古城墙边行走，可以听到呐喊，仿佛闻见厮杀。铁骑突出，刀枪齐鸣。阳光洒落，天空安详。历史与未来时光交错。

2003 年，凤凰县一位女士陪我们踏上黄丝桥，匆匆踏过清亮泛油的石块，我隐约闻到血与火的味道。黄丝桥是国内至今保存最好的一座城堡，古城始建于唐垂拱三年（687），古为屯兵之所，历代统治者为了防止西部苗民生衅，将此当作前哨阵地。据说伏波将军马援及威震西藏的福康安均命丧于此，而苗民们也被迫深入大山，人口剧减。1794 年，这里爆发了历史上最大的苗民起义，历史学家称这次起义是清朝转折之战，从此清朝走向衰落。英雄与强盗血液流淌一身的湘西人，他们天赋自然的人性，不加修饰地用行动表达，让人总感到那样可爱。

英雄与强盗血液，流淌在柔弱的文人身上，也让沈从文有了湘西风骨。沈从文的潇洒，彻底改变了中国文人积弱不振的刻板印象：一个战士，不是死在沙场，就是回到故乡。这话说得虎虎有生气。这样真正的大文人，自苏东坡后，中国历史上从来就没有过。我们见过的所谓文人，不是迂腐可笑，就是寻章摘句，柔靡溺人，风吹即化。湘西文人风骨，比过慷慨多气的建安风骨，还因为它的内里，滋养着湘西魂魄。它让我们感到很亲很近。

很亲很近是因为，我们读沈从文的一些小说，会发现这里远离主流价值，自有一种纯朴的、自发的生活形式。城市的智慧，都市的文明，被几块方巾隔离开来，给人几分世外桃源感。

最能代表湘西生活灵魂的故事，是改编自沈从文小说《丈夫》的电影《村妓》。年轻女子老七，为了维持生计，求情上城做妓女，丈夫留在家中，耕田种地，安分过日子。丈夫上城见到老七，却被嫖客一句“今晚上不要接客，我要来”，拒之门外。看似荒唐的故事，没有跌宕起伏，没有波涛汹涌，没有强烈冲突。甚至，你看不到实质的反抗。丈夫送妻子做妓女，妻子赚钱来养家，仿佛就是一种生活，一个家庭形式，一次人生选择。

丈夫最后或许无法容忍，携老七回到了老家。这一举动与其说是反抗，不如说是另一个选择。通读故事的每个细节，我们看不到反抗，因为这里没有屈从：既无不以暴力抗恶，又没有依靠暴力惩恶扬善。这里甚至看不到主流价值观的道德，因为他们本原的生活，自有一套道德，或许可以称之“生活道德”。民风淳朴，人心古朴，上至巡官老爷、水保恶霸，下至普通商人、兵士，他们身上，始终也都洋溢着原始而古朴的礼。他们是按礼在生活。

古人说，礼失求诸野。在中国偌大的土地上，湘西人有他们自然生存的方式。他们见素抱朴，自由逍遥。因为古老，因为原始，所以接近自然人性，所以愈难为外来的文明所污染。他们无论怎么坏，怎么恶，都只是个人化，小团体化地表达人性的坏、人性的恶，而不是智性的坏、智性的恶。湘西用山水作屏障，让民俗创递文化的火苗，保存湖南最后一块人性之魂。

是以，代代而下，他们有了情天义海的文化传承。这是一种精魂的外化。自然野性与情天义海，融合成湘西人独具特色的情味：火辣。宋祖英一首《辣妹子》如果算庄重的情歌，那么在民歌里，我们可以看到湘西女子火辣真实的野性：天上起云云起花，苞谷林里种豆荚；豆荚缠坏苞谷树，娇妹缠坏后生家。这样敢爱敢恨，最易发生两件事：除了私奔，就是一夜情。

今天的湘西人，跟过去又有了什么不同？2008 年，我的朋友，湘西作家姚筱琼一部长篇《罪名成立》，里面有个女子，名叫江蓠贞。江蓠是古代一种香草，贞即是贞洁。一个失去了贞洁的女性，在现实中被人先是玩弄，再是抛弃，然后报复。作者将她形容为“贞洁的香草”，耐人寻味。里面有个撼人心魂的镜头：失贞女子江蓠贞，仰身一跃，跳进酉水河。这句描写让我印象深刻，大概就是画出了湘西人的血性、刚烈与正义。一个被骗去贞操的女子，因为艾滋病感染，给整个村庄造成恐慌，湘西遗世独立的文明，遭遇生存还是毁灭的发问，湘西人本性选择美好，所以女主人公选择毁灭。一曲山水动容的悲歌，将情义唱响，幽灵一样久久回荡。

如果说情天义海在《罪名成立》里还只是表达湘西人性的尊严，2008年，当小小的龙清泉一举而夺下世界冠军，我们看到：质朴的湘西人，身上荡漾一股英雄气、率真气。

情义里的湘西，人不分男女，都激荡有一种原始野性的英雄魂魄。

从画中走出来，到过现实生活中，又回归艺术的湘西人，在我眼中真正动人心弦的，正是它那自然、人性的生活。它是一个恒久的人间碑刻，写满那些永远不变的文字。如果说，凤凰古城以历史的气味，让我们闻到湘西的鬼魅与神秘，那么沱江在我看来，就是一条自然而流的生活小溪。湘西的山、水，总让人感觉到一种自然而然，它们并不在意外面的世界，始终保持着自己的节奏。这个形象，就是凤凰古城与沱江在时间与空间里自然的流淌，是沈从文笔下的翠翠的日子。翠翠每天跟爷爷摇着渡船，帮人过渡，生活就是生活，生活就是日子，就是纯朴、干净，你来我往，就是每一个盛满欢笑与忧伤的记忆。

湘西人重灵性，好自由，讲个性，追求无拘无束的自由散漫生活。湘西人的生命存在，就是为了追求一种无拘无束的神仙般的自由生活，他们的逍遥，是一种自由散漫。有这样一首民谣：“家住川湖界，豆腐当小菜，烤着木炭火，除了神仙就是我。”湘西人对物质并不过多追求，我几乎跑遍了凤凰及四县乡村，那里有我见过最落后的湖南，而且超出人想象的能力，但湘西拥有地球村最多的百岁老人。我采访过数十位的百岁老人，他们一生坎坷无数，却无一不有玩性。

沈从文的《七个野人与最后一个迎春节》，湘西苗人原先不知有官、有政府、有法律、有税，只知道耕种渔猎、纵酒任性，官府的统治改变了他们的生活。老猎人带领六个徒弟，阻挡不成，于是迁进深山岩洞，以野人自居，躲避“归化”。这种苟且的生活，依然无法维持，终于因纵酒“犯规”，全体被杀了头。灵性、自由、个性、自然，为了追求，可以杀头，这就是湘西人的生活之魂。

在欲望的城市里，理性的都市人将自己玩到玩不下去的时候，总会想起湘西，来到湘西。他们在这里找到自己，也能够重新拾起灵魂。

感受湘西的灵魂是需要感应的人的灵魂具备层次与质量的。一个历经世事的人，在颠簸的一生中看透太多人间荒谬，才可能在这里找到一个返璞归真的家园。看上去甚至有点落后，甚至有点为人嘲笑的湘西，它始终那样不紧不慢，大智若愚，像民国总理熊希龄的样子。

湘西的灵魂有老子“道”的味道。我想起孔子一生，在追求世俗的成功，被碰得头破血流时幡然悔悟，他说：“天何言哉，四时行焉，百物生焉。”这么伟大的人，也发现自己没什么了不起。等于说：湘西大境界，人生小舞台，这里散发的自然气息，能让人回到真实，发现自我，看见今生来世。

对作家、画家而言，灵魂是一件浪漫的事；对兵士而言，“诚既勇兮又以武，终刚强兮不可凌，子魂魄兮为鬼雄”；对每一个普通人而言，灵魂绝不是一个可有可无的东西。虽然今天许多人的内心，都早已游荡成孤魂野鬼。

诗人海德格尔说："诗意地栖居。"诗人兰波又说："生活在别处。"当一个人想诗意地栖居，又或者想生活在别处时，他（她）灵魂里那21克，已挣脱世俗卑琐，正向湘西飘来。

霸蛮娄底

一人打仗，屡战屡败。问：这是什么人？答：鸟人。一人打仗，屡败屡战。问：这是什么人？答：蛮人。

许多人以为，娄底人曾国藩，一口家乡话向皇帝汇报“屡战屡败，屡败屡战”，是在玩弄文字游戏。这样以为的人，自己一定算个浑蛋。内心预备了什么，就只能看到内心被这八个字折射回来的什么。

“鸟人”与“蛮人”之分，就是次序的差别。但正是这个次序，从根本上映照出来的心态，是完全而彻底相反的两种：“鸟人”是被动的，消极的，是得过且过的，是打得赢试打，打不赢立逃，是随时准备自己钻进棺材的人；“蛮人”是积极的，主动的，是殚精竭虑，打得赢要打，打不赢也要打，是总想算计着赢得最后胜利的人。

是的！打得赢要打，打不赢也要打！非如此不足以成就“蛮人”。

人的智力，90 以上，脱离弱智。140 以上，算是天才。但人类中 99.9% 的人，智商都在 90—140。这部分人，都是凡人。

与地球村人同为凡人的湖南人，为什么在曾国藩之后，崛起于陇亩，称雄于地球村？绝对不是湖南人智力超群，比外地人智商平均高多少点，但一定是湖南人都“屡战屡败，屡败屡战”。

“屡战屡败，屡败屡战”，说白了，也就仅仅一种态度。每次都失败了，但马上又整装待发，满怀信心。用中国古话说，这叫“打不死的程咬金”。用地球村的话说，这就是海明威的“老人与海”精神。说得好听，这叫坚强与韧劲。难听的话，就是牛皮糖，死缠烂打。两种理解，一个意思。

在湖南人眼里，这个世界没有失败，只有暂时没有成功。万事万物，从来如此。所以，地球村里即使60亿人同时反对，湖南人一个也要坚持。任你吓唬，就是咬断牙，顶断脊梁，也要将事情做成。哪怕坚持到最后自己成灰，这股灰也要抓紧扶摇羊角，趁势将事情搞成。

是以，两百年来，无论是惊天动地的大事，还是平凡人间的小事，湖南人还真没有哪件没做成。要问成事的秘诀，也就八个字：屡战屡败，屡败屡战。如果再次提炼，也就两个字：霸蛮。

是以，要问湖南人的精神，先得寻宗问祖，找到第一个发明了“霸蛮”的人。

所以说，道湖南必道娄底，道娄底必说双峰，说双峰必看曾国藩，看曾国藩必提蛮子。

往事越百年，国藩西天，趋驰娄底今又是，换了人间。

写到今天娄底，我感到点点陌生。曾国藩的娄底、民间的娄底、客观的娄底，如镜头一样，交错叠映。

于是让脑海里先浮现一些朋友。那些来自娄底的朋友，他们的一颦一笑，慢慢融合，勾勒成一张“娄底脸”。但这仍是张难以定义的脸。

于是我抬头再瞄一眼那山那人，先写了“蛮人”字样，贴到这幅图画下，供自己描摹时，不致过于走样。

脑海里掠过的娄底人，我第一个见到的是蔡和森。在岳麓书院，蔡和森同毛泽东的合影，像被复制过一样，嵌在我的脑海。我曾看过那张照片许久，我感觉他们的气质有所区别。对照看来，毛泽东是个行动家，蔡和森是个思想家。就是说：蔡和森更像一个书生。

所以娄底在我的印象中有点衡阳气质。这大约跟我认识的娄底人有关。我有两个娄底朋友，他们早年都考入中国人民大学，一个国际经济硕士，一个国内经济博士。他们春节从北京到我家玩，聊天时我感到他们都很厉害，是特别智慧的那种。我问起他们高考，并不是很用功，随意就得了六百多分，他们说自己在当地也就中等水平。

湖南人读书厉害，中国人早知道；娄底人读书厉害，我后来才知道。湖南人会养猪会读书，难道最先说的是娄底人？我想这块土地是有灵气的。记得我读小学时，作家韩少功发起“寻根文学”，就是寻民族祖先之根，所以我一直以为古人智慧于现代人，就像诸子百家之后的理论，少有原创，多为发挥。古人生活辛苦，条件艰苦，他们野蛮，所以聪明。所以我将娄底人的智慧，归类为“蛮人”。

湖南人好辣，无辣不成湘。但在我看来，娄底没有邵阳的凶辣，也没有湘西那样火辣。那么娄底到底是什么辣？

我第一个到达的娄底的地方是双峰，也是第一次领教双峰的辣椒酱。置身娄底天地，感到湘潭一样的土气。我所看到的辣椒加工厂，都是特别简陋。双峰人随便搭个棚子，就能生产，像生命力顽强的游击队员。这种原始的加工味道，让我的印象往蛮人脸上又靠近一点。

当然还因为那味道确实辣。虽然不是凶辣，不是火辣，但称得上“厚辣”。辣的快感能持久。你要说双峰辣椒酱可能不太辣，那都是卖给外地人吃的。人家是怕你辣呢！本地人吃的辣椒酱有多辣？外地人没必要用鼻涕眼泪做化学实验。我说个真实故事：有个娄底朋友，2004 年我们一起去海南，他随身带缸辣椒酱。我勉强咽下海南的甜而无味，他让甜菜在辣酱里先洗澡，夹一口，忙吐了：不辣，不辣！看他吃菜，方知什么叫“无辣害苦人”。要一顿不吃辣椒，还不如让他绝食，或者干脆杀了他。他要的辣是口味特重，吃得汗如雨下，气喘如牛，像刚从战场归来。看他胖墩墩的身体，憨憨地左右同揩，你会体会一种娄底人的味道。

人就是他所吃的东西，这当然是个比喻。但人的性格，其实就是他吃食的方式、爱好。因为口味特重，所以性格粗重。我感觉到的娄底，是类似湘潭的土气，后来想出一条原因，据说韶山跟娄底共一条山脉。我想这是否接通了他们的性格？但娄底人细看之下，不是湘潭人那么“土”，所以也没有那么土。因此，娄底人火辣的性格，有时激进得接近邵阳人。但邵阳性格跟娄底比较，又有点“飘”与“过”。所以，娄底的蛮人，味道介于“土”与“飘”之间。

让我最终决定用蛮人来描画娄底，还是因为脑子里始终仍巍坐着一个人物，那就是前面说过的，地球人都知道的曾国藩。

曾国藩是个什么人物？他是近代湖南人的第一块牌子。毛泽东在青年时代说：“愚于近人，独服曾文正。”算得上最高褒奖。但曾国藩是个什么形象？我曾专门写过一篇短文，归纳为：封建官僚。封建者，保守也，怕死也，清规戒律多，人间乐趣少也；官僚形象者，高贵也，世故也，听于天命多，不敢反抗也。

湖南人的性格里，都有一股霸蛮而凌厉的狠劲儿，顺藤摸瓜找源头，恐怕还因为曾国藩那句话：屡战屡败，屡败屡战。

为了“屡败屡战”，曾国藩横下一条心：打落牙和血吞。这句话几乎激励过所有后来的湖南杰出人才。

当左宗棠抬着棺材去收复新疆；当谭嗣同横刀向天笑，肝胆两昆仑；当陈天华在东京大森海湾愤然投海，以死报国；当毛泽东引用老子，说出“民不畏死，奈何以死惧之”；当朱镕基愤然决断，准备一百口棺材，九十九口给贪官，一口留给自己——我想起伟大的曾国藩，心中翻涌激越。

湖南人最大的本钱，就是不怕。这当然因为穷。穷人不怕命短，失去的只是锁链，得到的是一个地球。问题是：当湖南人富起来了，未必就怕了吗？

就像邵阳人的凶悍已成为基因，无论多多少个博士学位，也无法改变其性格中的凌厉。湖南人不怕死，已经成为一个基因链条，锁定在湖南人的性格密码箱里。

但作为湖南人就不应忘记：湖南人天不怕地不怕的精神，是曾老先生最先提炼出来的，他总结出一条“挺经”。曾国藩自己本来一介书生，别说带军队，就是被个农民打了，也是秀才遇到兵。好在他不怕，即使怕了，也硬着头皮装不怕。所以我们看到：他鼓励自己，同时也鼓励别人，不要怕死，但他自己呢？还是有点怕死。跟太平军打仗，战败后先后三次自杀，一头跳进水里。据说第一次跳进湘潭段的湘江，差点真淹死了。但他最后赢了太平军。他跳水近似作秀，不得已而为之，他的不怕死精神，却是不掺水分的。

湖南人的特质是敢为天下先，这正是锐利的湘军精神。所谓无往不胜，所向披靡。自从娄底出了个曾国藩，对一切湖南人来说，天下大事，皆成于蛮。无蛮不能问鼎天下，统管地球村。

作为湘军创始人的曾国藩，他隐在双峰县井字镇荷叶塘的一个豪门地主家庭，发明了这样一种霸蛮的精神。从根本上影响了湖南人，进而改变了湖南乃至世界的命运。曾国藩之前，湖南人会读书会养猪。曾国藩之后，湖南人会打仗会教书。今天湖南人能吃辣椒会出书。这些让湖南人安身立命的本事，都是从娄底发源，曾老先生集地域性格之大成，让它从一个小山村里流传开来，功不可没。

当然了，正是有“无湘不成军”，同时就有“无湖南人不成衙门”。娄底人，包括临近的邵阳人，都是可以构建一个铁的藩篱，来禁锢天下人的高手。他们爱憎分明，很容易上纲上线，给人以沉痛打击，这从根子上，又拖住了湖南发展，让湖南官方与民间的矛盾激化。

衙门除了几个官老爷，怕是谁都不想去的鬼门关。这一好一坏，又形成了湖南人性格的两个极端：或者极端保守，或者极端开放。所以，人们只强调湖南人敢为天下先，却掩盖了湖南事实为天下后。湖南在许多方面之所以后于天下，跟湖南人这一性格有直接关联。

最智慧的湖南人早发现到这一点。毛泽东 1917 年写《湘江评论·发刊词》，对这一点进行过猛烈的批判：“闭锁一个洞庭湖，将他们轻轻挡住。他们的部落思想又很厉害，实行湖南饭湖南人吃的主义，教育实业界不能多容纳异材。他们的脑子贫弱而又腐败，有增益改良的必要，没人提倡。”

晚年的毛泽东更加发现这个缺点，他修改了一下青年时的判断，说：曾国藩是地主阶级中厉害的角色。地主阶级对穷人是鬼门关。言外之意，曾国藩是农民的鬼门关。毛泽东是讲人人平等的，衙门等级的门槛，让他心里添堵。

当然不能说，湖南人的性格缺陷，都要怪罪曾国藩，同时又去怨恨娄底。娄底出了个曾国藩，曾国藩创新了湖湘文化，这个湖湘文化，到底也是蛮人文化。毛泽东说：文明其精神，野蛮其体魄。就是说，人的身体可以是蛮人，但人的精神气质，要做个文明人。这在很大程度上，丰富完善了曾国藩。

最后要提一下的是娄底话。我曾说湘乡话难懂超过“日语”，娄底话难懂看来又超过了湘乡话。一口地道的娄底话，对外地人无疑像天书。有个笑话，某人在自我介绍时说：“我是娄底人，娄底的娄，娄底的底。”结果人家连这句都没听懂。

我坚持相信，方言最能直观地告诉别人当地的人的精神气质，越接近文明的土地，方言就越是好懂。比如四川，方言跟普通话差不多，所以盛产才子佳人。湖南方言都不太好懂，所以多产英雄美女。才子佳人是文明人，英雄美女更接近动物性。我曾听过不少娄底人说话，总结观点：这世上最惨痛的事，乃是听娄底美女玉口绣心吐乡音。那种落差，疑似银河到凡间。

今天及将来，已经不大可能是英雄美女的时代，但一定是才子佳人的时代。太平世界，动不动喊打喊杀，霸王硬上弓，警察会叫你提前从公司下班，改去警局“上班”。如果你又去贩卖假证，也会被扫黄打非一顿搞了。想到这里，我就为前面两个中国人民大学毕业的娄底朋友高兴，在我的脑海里，他们就是娄底的才子佳人。我又想起蔡和森，觉得原来他老早就是娄底的一个大才子。

湖南人性格都矛盾，不矛盾不是湖南人。真正成就湖南人的，正是那些既相互打架又握手言和的性格。明白了这些，你会恍然大悟地说：从曾国藩书生带兵，到老粗出人物，娄底人骨子里，原来是文明的蛮人！

商人郴州

凡人重情，商人重利。所以中国人印象里，商人形象一直不怎么样。

而据说看人，最可靠的是第一印象。像谈恋爱的事，一见钟情只需三秒。白居易告诉我们，商人重利轻别离。是说，商人爱钱，但对说爱之事，兴趣寥寥。

我在郴州走马观花，也只有一次印象。所以开头摆上类比，相当于在商人面前吹爱情，在时尚家面前谈考古。我虽敬谢不敏，但跑郴州远多于三秒，不是全没自信。我想再多了解，又怕多看糊涂。于是大起胆子，说郴州在湖南这块人头攒动、英雄如雨、美女如云、才子如水、佳人如梦的土地上，看上去像“另类的商人”。

文人重情，商人重利。因为与永州隔得太近，所以说出商人郴州，容易借文人类比，进而再次联想到白居易。为了消灭误会，我首先要说：郴州人都是情天义海、义薄云天的湖南人。可见的记忆，是我去“铸乡”嘉禾，当地有人就送把菜刀，如此爽快直接，颇有点水浒梁山之风，我们足以相信："郴人重利重别离。"

我对郴州的印象，跟脚下第一站有关。那是宜章与广东的交界。我淹没在人流中，走大街小巷，看蓝天绿树，闻岭南海风，都是浓浓的广东味道。

广东是个出大人物的地方。钱钟书说近代中国有三个半人，湖南人算一个，两广人算一个。广东人洪秀全、康有为、梁启超、孙中山，都很了不起。

广东人除了会生活，做生意也是里手，个个会赚钱。大约是隔壁邻居，郴州人起床后、睡觉前，看到的都是广东人忙生意的背影，于是"闻广东人起舞"。模仿是最好的学习，山寨文化这样起家的。我说郴州人看上去有点像山寨版广东人，是说他们从广东人身上，模仿出不少赚钱本领。

2007 年，我在郴州一个农村，前面是座高山。当地人告诉我，那叫骑田岭。我当时没在意，但随后听人说，那就是五岭之一。我顿时想起毛泽东的诗："五岭逶迤腾细浪""天连五岭银锄落"。都是很大气，很革命，很遥远。现在却就在眼前。那种感觉，就像少年时代翻历史书，高中毕业路过虎门，看到林则徐像。

正是在骑田岭的革命布景里，我看到"十里不同音"的农民们在收割蔬菜。他们说，再过两小时，这些蔬菜就进了香港菜市场。我听后被惊了一回。原来还可以这样做农民！但这还不算灵活的，当时会赚钱的农民，收了从北方运来的牛、猪，稍微养几天，然后卖出去，可以赚一笔钱。这就是中国正时兴的"流通经济"，纯粹靠转手赚钱，而且规模做得像公司。这种生意头脑，中国许多城市的生意人估计都还没缓过神来。我想起听郴州人自己说"郴州是广东的后花园"，这时怎么看郴州都像广东的“仓库”了。

广东人有钱，一般是背着麻袋去银行存钱；广东人会生活，猴头吃得活；广东人爱开玩笑，但打扮却糟糕，个个像乞丐，有些还像被抓到的乞丐。大概正是因为会赚钱，会生活，像乞丐，同时又崇拜一些什么仙、烧香拜佛，所以广东曾一度被称为文化沙漠。如果这个说法成立，那么也可以说，郴州在湖南不算有文化了。

郴州有山。莽山据说近两千米，被誉为“湖南的西双版纳”。湖南人许多都还不知道莽山，但中国没有人不知道衡山。衡山名在南岳文化，莽山没文化。

郴州有蛇。宜章的莽山烙铁头蛇，奇毒无比。但中国人只要读过初中，没有一个不知道“永州之野产异蛇，黑质而白章”。异蛇名在文化，烙铁头没文化。

郴州有“天下第十八福地”苏仙岭、“世界洞穴奇观”万华岩、蓄水 82 亿立方米的“南国洞庭”东江湖、“中国生态旅游第一漂”东江漂流。游玩之所，多是地因人名，人为地名。遗憾没有人像柳子一样，能托起这座城市的内涵，因之，也没有形成一种地域性格。

我很奇怪郴州的形象翻来覆去，最后仍只能写成商人。

翻开历史谁都看得见，郴州并非没文化。宋朝时，诗人秦少游被贬，孤居旅驿，作《踏莎行·郴州旅舍》，留下千古名句：“郴江幸自绕郴山，为谁流下潇湘去。”苏东坡读了，激赏之：秦观完蛋了，谁也救不了他！（少游已矣，虽万人何赎！）记得当年中文系那个瘦瘦的男宋词教授念完这句，竟然感动得差点想跳楼。可见郴江、郴山之“霜林醉，离人泪”。

我思来想去，结论是跟广东邻接的缘故。地理有时决定一切。虽然梁启超考察欧洲，发现“外国人所以杀皇帝事多，是因为皇宫太矮”的原因说错了，但郴州跟着广东成为商人，我自以为是说中了。孔子说，德不孤，必有邻。郴州有广东这个好邻居。

郴州虽得地利，却少有天时。自然环境在湖南大概算最恶劣：古有“马到郴州死，船到郴州止，人到郴州打摆子”。2008 年冰灾，郴州也最严重。一遇刮海风，郴州多遇洪。作为广东与湖南的过渡带，两种气候冲突，确实为难了郴州人。老天爷常跟郴州过不去，逼得郴州人要多赚钱。加之人少山多，商人狡猾，又地下矿多；矿主精明，学得像广东人，又成了钱多书少的暴发户。

也许被广东同化太多，郴州有主动靠的说法。民间曾流传一个笑话，有人出点子：怎么一步把郴州的经济搞上去？最好把郴州从湖南划入广东。广东省听了哈哈大笑：热烈欢迎郴州前来加盟。广东经济高于湖南，便笑话湖南人：处在楚地，过去“惟楚有材”，现在“四面楚歌”。果真这样，郴州每天都能听到粤人楚歌，像“80 后”每天都听的《离歌》，心里是否有点忧伤？当然还没有“秦观第二”来唱：郴江幸自绕郴山，为谁流下广东去？

但郴人重别离，又很重土，粤人楚歌无动湖南心；但郴人找工作，要么留在本省，要么往广东跑。

我对郴州人最深的印象是商人，因了他们的炼银产业。我曾说“长沙人都有空瓶子喝出酒的本领”，那是半个玩笑。郴州人是确有“空地盘炼出银子来”的本领。

我在永兴转悠过不少工厂，他们告诉我，郴州本地不但没银矿，连含银的垃圾都没有。他们从外面买垃圾回来，加工出金子跟银子。听上去像神话，要么是笑话，但去过永兴的人，都知道是真话。

永兴人炼银，原来有个老故事。2007年时，我听得永兴县长说：明末清初，某永兴人去广东打工，替人家背银矿石，每天要路过一座房子，后来他发现一个秘密，就跟房子主人说，被踩坏啦！我每个月免费给你换新地板？主人正愁闷要花钱换新呢，满口答应。换的次数多了，主人狐疑，有问题，不换了。暗自跟踪，发现打工仔背着旧地板，围起来烧了，将灰放进水里。一番鼓捣，居然回收出银子来！主人不准换时，打工仔已赚足了第一桶金。凭这笔本钱，继续去帮其他主人免费换新，再雇人帮忙换，小事滚成大事。再逐渐他们花本钱到外省购买含银垃圾，自己搞流水作业线，一条龙，成产业了。空瓶子喝酒的故事，还真被他们做出来了。如今永兴叫“中国银都”了。

这个故事是真的，听上去却不大靠谱。是湖南人就会明白，永兴人用的是湖南人方法：不离不弃。不离不弃是秀气话，化用一下，是“不抛弃，不放弃”。

三百年后，听说永兴已经很阔。前段时间放新闻，他们已造了一座纯银大房，称“中国第一银楼”。

但古代的永兴人创业确实是很苦的。

无中生有的永兴人，用银楼作笔，那闪闪的银光，无疑告诉我们，他们是精明的、机灵的。

生意人善捏造，商人会创造。商人要将一个偶然的嗅觉，做成当地上百万人用来吃饭的大产业，没有湖南人的霸蛮、吃苦，也只能是痴人说梦。写到这里，事实印证，郴州人在湖南，是“另类的商人”。

中国人印象里，商人形象一直不怎么样；湖南人印象里，郴州的土地有点糟糕。中国的商业，历来躲躲闪闪，因为头上有个套子，是官府的“重农抑商”。今天的郴州人，试图转作商人，他们头上还有套子，乃是官人。如何挣开手脚，放心大胆干上一场？这是明天郴州人要做的事。

直人株洲

今天的湖南，正在“弯道超车”，为什么不“直道超车”？想来太难。超车靠人，所以，就是“弯人超车”与“直人超车”这么个区别。

什么叫“弯人”“直人”？网友答：驼背的叫弯人，不驼背的叫直人。那么，我之所以写株洲，就是找个不驼背的人做模特儿，照着画。

坦白地说，要准确地看清株洲，对我们来说，实在太难。

就是说：要生动传神地画全它，是一个不可能完成的事儿。

当一个人同时拥有许多面孔，美妙的说法叫“千变女郎”，文雅而艺术地称呼，我们容易想起川剧的“变脸”。

株洲像是个唱川剧的人，他随手一抹，你又看见一副新脸。

如果文字能给人以画面，我们写下“中华”“民族”“始祖”，脑海里同时就浮起山东。湖南本是一块比山东年轻的土地，但株洲却让它们比肩而坐。中国人连小学生都知道燧人钻木取火，神农尝遍百草。而神农就在株洲炎陵县鹿原陂。

一个遥远的传说，神农刚生下来时，身体是全透明的，五脏六腑全都看得见，吃进东西也能看见，于是被叫作“水晶肚”。远古洪荒年代，什么能吃，什么不能吃，谁心里都没谱儿。但不能饿肚子，只好乱吃，这更加不靠谱。是以生病的、丧命的，那是经常的。用今天的话说，神农是看在眼里，急在心里，他决心以身试食，尝遍百草。于是两肋各挂一个书包。好吃的放在左袋，回去后介绍别人吃；不好吃的就放在右袋，作药用；不能吃的就提醒人家：注意别吃。

传说如果有点离奇，那么历史就靠谱：炎帝神农氏在株洲开始种五谷，以为民食；制作耒耜，以利耕耘；遍尝百草，以医民恙；治麻为布，以御民寒；陶冶器物，以储民用；削桐为琴，以怡民情；首辟市场，以利民生；剡木为矢，以安民居。

我又发现株洲像是一个文人，长袂飘飘，衣襟带舞。从神农那页往后翻，我们竟然看到许多熟悉的身影：杜甫留恋湘东美景，携家眷栖居于此，在生命最后两年，老病孤舟，两次溯湘江而南，留诗十多首；唐代奇女子、王小波笔下名姬红拂，她的墓葬就在株洲境内的醴陵西山；宋代名将岳飞率军途经茶陵时以枪尖挑禾蔸写的“光泉”二字，赫然镌刻在高陇石壁上；宋代大儒朱熹两次到株洲讲学，“朱亭”因他而名；明代大旅行家徐霞客为茶陵云阳山、灵岩寺、麻叶洞留下一篇篇日记，记下了株洲的名山胜水；明代大学士、立朝五十年的李东阳，以他为代表的“茶陵诗派”，将故乡“茶陵”的名字，永远镌刻进中国文学史。

学过中国古代文学史的朋友不会陌生，这茶陵派是跟台阁体对着干搞出来的。明朝正德年间，诗歌流派不多，台阁体独占花魁。所谓台阁体，相当于《诗经》的雅颂体，个中文字，涂脂抹粉，费尽心机。茶陵人李东阳愤然站了出来，坚决抗议，强烈反对。他提出诗学汉唐，强调法度声调，一把清掉台阁体的单缓冗沓。

李东阳看起来是个“舍得一身剐，敢把皇帝拉下马”的人。是他看不顺眼，一手将台阁体给洗没了。湖南人胆魄，株洲人不错。我们看李东阳，不喜欢啰里八嗦。

将株洲看作一个武人，同样几番风起云涌，几分英雄气长。三国时孙权定都建业，设县建宁，正在今天株洲。“吾将醉兮发狂吟，立功名兮慰平生！”周瑜，指点江山，看乱石崩云，观惊涛拍岸。但周瑜之不幸，在“既生瑜，何生亮”。据《三国演义》的描述，群英会蒋干中计、周瑜设苦肉计，都被诸葛亮识破，此后屋漏更遭连夜雨，被诸葛亮三气，周瑜只得仰天长叹，吐血数升。

用一句形象的说法：周瑜跟诸葛亮对垒，他懒得啰唆，放马笔直冲过去，诸葛亮不紧不慢，牵着马鼻子，将周瑜带绕了几圈，将绳子一扯，一代英雄就翻身落马，烟飞魂散。

当然《三国演义》不靠谱，周瑜活了 36 岁，是自己病死的，《三国志》有记载。但罗贯中凭什么将周瑜写成这样？恐怕株洲人本身多是这样。这是文学典型的虚构法。虚构比真事要真实。有网友告诉我，株洲现在有周瑜的后代，他们有本详细的族谱，摆明还有性格遗传。

我甚至觉得：将株洲画成一个上海同类的现代都市人，也不至于错到哪里去。当年我的一些生活在湘潭的同学，每到放假，他们最热爱的事，是去株洲买衣服。他们不喜欢湘潭服装的土气，而株洲城被火车拖出来后，其时工业发达已闻名在外，从湘潭去一趟等于到过上海。

当许多张脸从眼前闪过，我确定说株洲直人，是因为我印象里的一些株洲人。孔子说以人载道。具体鲜活而生动的株洲人，他们给人的直觉，有时比理性追问更接近本来，因此我打算用他们作线条。

曾教我文学理论的老师是株洲人。他在教书之前，曾在政府部门。他是一个爽直到无法容忍官场任何的阿谀奉承、溜须拍马、低声下气的人。他常跟我们说起陶渊明“不为五斗米折腰”。他有着发乎情、止乎礼的激情、豪气，他信奉屈原，董道而不豫。

最终让我确定说株洲直人，还是因为李立三。

喜欢读毛泽东成长史的人都知道，毛泽东在长沙求学时，嘤其鸣矣，求其友声。响应二十八画生，李立三贸然前往。这个事实被电视剧《恰同学少年》掐掉了。但知晓事实的人都知道，历史有个颇有戏剧性的镜头：李立三见了毛泽东，一句话也没说，一声不响地走了。见面时李立三想了些什么？这已是个永恒的历史谜语。但我猜测，还是各自性格不同。同为年轻气盛，一见面李立三就感到气味不对。

李立三是个激进的人，同时也是个爽直的人。毛泽东有着同样的激进、倔强、刚强、果断，但他同时是曲折的、迂回的，是为了目标可以妥协求全的。这是两种截然不同，甚至完全相反的人。只要站到一起，他们会本能地感到气味不对。两种地域性格孰好孰坏？我无力评论。但李立三是个恨不能一个早上就实现共产主义，将摩托车油门当飞机踩的人。他的思维就是笔直一条。他为此付出了不轻的代价，但“我本善良”，也是正直成就了他。新中国成立后，他先后担任中共中央委员、中央人民政府委员、中共中央工委书记、中华全国总工会副主席、劳动部部长。他的心地从来澄净如洗。

写到这里，本文蜻蜓点水，面面俱到，也像变脸，有点让人目眩。这与株洲人“五湖四海”，历史变迁，有着莫大关系。我不能刻舟求剑，只能顺它而变。但中国有句古话，叫万变不离其宗。既说古老，兼说现代，还说文武双全，我想只有“直”贯穿始终。由是，株洲人的宗，像《论语》，想到哪，说到哪，横七竖八，毫无章法。但孔子说了：吾道一以贯之。

因之，一以贯之的株洲，唯一“直”而贯：正直、率直、直言、秉直、直道。

湖南人莽撞，不怕死，敢冒险，血性喷涌。这一说又让人想起邵阳人。邵阳、株洲两地性格之分，正在一猛直与一耿直。神农当年冒死尝遍百草，就是不怕死，敢冒险，是“我不下地狱，谁下地狱”。没有耿直的内心，就是骗别人死在前，自己尝百草味在后。神农内心正直，神农尝先做得到。

写到这里，多少已让人纳闷儿：湖南人跟人打交道，多相信“人不骗我，我不骗人；人若骗我，我必骗人”。这可以理解为理直气壮，也可以被骂作睚眦必报。湖南人整体上是精明的一群，但很容易堕落成狡猾。如果智慧止步于狡猾，这样的湖南人不可能成就大业。但株洲人挺起腰杆，去掉驼背，胸有丘壑，人若骗我，也不骗人。用网友“雨落成泽”的话说：株洲很有包容性。

包容是“直”的对立面，粗看又矛盾。湖南人都矛盾，不矛盾不是湖南人，到这里显然：株洲人同娄底人一样，是矛盾的湖南人。从神农有了透明“水晶肚”，这里的人就总有点让人“囧”。“囧”是前几年最流行的一个可爱词，株洲人用行动书写了几千年，没人总结。

大全与小缺，大爱与小恨，大是与小非，大成与小错，就这样被一根“直”串起来。

假如可以给株洲确定一句口口相传的话，这里化用古人，创新一句：天不生仲尼，万古如长夜；天既生神农，今天有株洲；株洲千载下，唯直不忘矣。

美人益阳

如果益阳市也可以打广告，我建议，可以考虑在地球村挂上：到张家界看山，去洞庭湖看水，来桃花江看美人。依然是《诗经》托物起兴：看山看水不如看人。

如果有人说，叫“美人益阳”毫无新意，那么先请你睁大眼睛，看看这美人堆除了女子，里面是不是也活跃不少男人。

中国文字容易让人望文生义，比如“美人”一出口，我们脑海里就有个人：巧笑倩兮，美目盼兮，素以为绚兮，如清水芙蓉，娉婷而来。“美人”常被看成美人儿，貌似楚国的虞姬，所以文字有时让人误会。益阳不只是虞姬，因为项羽也算得美男，而他们同时都是人。美女配英雄，佳人对才子。在益阳山水的图画里，同时都被勾勒成：美人。

但我也只是遥远地看着。用苏轼的话说，最多是“望益阳兮天一方”。因为从未到过益阳，就像作家李敖谈旅游，拿着图画去想象。难道凭想象比亲临其境后能写得更好？没有调查也要发言，没吃过梨子也说味，没见过人也画像，这事做得就夸张了！相当于长沙人空瓶子喝出酒来，魔术师刘谦才有这个本领。

我刚来长沙那年，还真有一个益阳人来了。他顶着颗黑黑糙糙的脑袋，蒙头找上《中国经营报》的记者，大谈自己某个发明。我看记者老打哈欠，估摸话题有点糊。益阳放进中国的地图，等于淹没在群小鸡中；让益阳鹤立鸡群，脱颖而出的，居然是一首《桃花江是美人窝》。益阳老哥托邓丽君的福，记者眼睛一下就复活了。谈着谈着，像情人那样投机。我看得莫名其妙。更莫名其妙的是，记者居然唱了起来：我听得人家说，桃花江是美人窝，桃花千万朵呀，比不上美人多。

看来什么美都不如女人美，她可以像钱币一样，自由平等地沟通一切。

这是我头一次听到《桃花江是美人窝》。我懊恼地发现，他们用邓丽君作线，画出一条代沟。但今天我既然知道了《桃花江是美人窝》，“80后”们又或许更加陌生了。冯唐易老，红颜难老；红颜渐老，前世今生。

前世中国，从来少产美女。历史挺过五千年，才栽雪山灵芝一样，养出四个公认美女：西施、王昭君、貂蝉、杨玉环。好在桃花江开了，她有点俏皮，将美女的金屋拉开，窝里美女盛开像漫山遍野的映山红。

说到这里，我们终于可以用“美女、英雄，佳人、才子”来标点益阳。

稍微拨开映山红的掩映，一个鹤立鸡群的英雄，就鲜活地浮现眼前，他叫胡林翼。

作为清王朝中兴的四大名臣之一，“曾、左、彭、胡”名如春雷。胡林翼英雄如何？那叫才气过人：文能从政安民，巧治一方；武能带兵打仗，清除匪患。有一个趣味的小故事，青年毛泽东对他崇拜得不得了，听到胡林翼号胡润芝，毛泽东赶紧改成毛润芝（后改毛润之）；对手蒋介石也崇拜他，把曾国藩、胡林翼著的《曾胡兵法》，作为黄埔军校必读教材，还当传家宝贝一样，签名题词赠给学生。

但再走近一点我们发现，胡林翼气味上跟曾国藩不同，或者完全相反。曾国藩个人形象，我说是“封建官僚”。你看他，每天拿着烟斗，阴沉着脸，低着头，黑黑封封，严严实实。胡林翼形象就清爽得多，青春得多，阳光得多，所以也风流得多。

学者谭伯牛在《天下残局：断章取义说晚清》一书，饶有趣味地给我们讲了个胡林翼嫖娼的故事：

二十五岁那年，林翼便考中进士，旋又点了翰林，少年科第，风光无限。翰林院事情少，老婆不在身边，北京城郊接合部亦不乏大量销魂场所，依照时下流行的说法，胡林翼往那边“潇洒走一回”也是很正常的事情。不过，《大清律》规定：凡官吏宿娼者杖六十；且免不了要接受降级甚至革职的处分。官员嫖娼，玩的就是心跳。

那一日，胡林翼和同事周寿昌“流连夜店”时，便被风化纠察队（坊卒）逮个正着。寿昌耳尖，一听门外大声呵斥，立即跑到厨房换了套佣工装扮，蒙混过关。林翼酣迷，待到醒觉后慌忙爬入床下，纠察队员已破门而入将他揪出来。随后便是身份辨认，给予严厉的公务员处罚。林翼矢口否认自己是翰林。纠察队则见其服饰华贵，怎么也不信，乃侵犯人权，刑讯逼供。那一夜，林翼坚守翰林的尊严，苦苦支撑，受尽羞辱，总算保持了颜面，事态不致扩大到通知单位的地步。次日，胡便与周绝交。

看来胡林翼哥们儿不铁，假设他跟邵阳人蔡锷同时，一道去找小凤仙，听得凤美女几声清唱，再对接几下秋波，心神飘荡，魂游天山，笑渐不闻声渐悄，多情没有无情恼，比宋江、燕青约会李师师之浪漫不逊春色。

人说文人“十年一觉扬州梦”，井水前头有粉丝，烟花巷里出文章；

看来武人弯弓射大雕之前，风流能如胡林翼，也沾几分文采，英雄不让成吉思汗，风骚更比唐宗宋祖。曾国藩比起胡林翼，自然端庄贤达，总让人感觉是个无趣的主：庄之有余，美之不足，望之生畏。

美人窝里胡林翼，看来英雄递进，称得上“美雄”。

比美女、美雄更高一个档次的，就是佳人才子。在我的了解中，佳人有写《丰收》的叶紫，当代女作家叶梦；才子有写《山乡巨变》的周立波，当代中国工程院院士黄伯云。他们鹤立益阳水土，抒写美人神韵。

益阳地处洞庭湖丘陵平原，山水之灵气兼而有之：有山的诚实，有水的温柔。芊芊茅草，悠悠渔船，静静流水，种种情怀。用山吃水，富土宝地，气候水分，适宜农作物生长，温饱不存在问题，积淀了益阳人不穷刁野蛮的性格。

“水之北，谓阳；益水之北，名曰益阳。”益阳之名，合山水阴阳之理。水给了益阳灵性，益阳开始脱离湖南山地性格，朝着湖南水边渐变。他们没有娄底蛮，不是邵阳冲，也不及岳阳柔。两者取其中，就是“和”：既有山区之嶙峋美，又有湖区之妩媚美——一切美的事物，内心里都是柔的。所以，益阳人不好斗。像胡林翼身在行伍，治国平天下，也不忘沉醉温柔乡。这也是一种精神气。

如果说，乡间俗语也能告诉我们一地人的精神气，益阳话也介于山地水边的特色。叶梦在《乡音的尴尬》讲了个笑话：湖北某名牌大学有位中文系教授是益阳人，他在给学生讲授《红楼梦》的时候，讲到某章某节：“宝玉看见黛玉，心里一急，几巴都港不出了。”不料此言既出，即引起哄堂大笑。原来学生们完全误解了老师的话，益阳话把嘴巴说成“几巴”，把“讲”说成“港”，因为这个“几巴”才发生了这样一场尴尬。

2007 年做报道，当行程进到益阳，同事写赫山竹，我才知道，那里有张艺谋《十面埋伏》里一样的竹海：秆挺拔秀丽、叶潇洒多姿、形千奇百态，四季常青，姿态优美，独具韵味，情趣盎然。

我在想：作为一种从内到外的性格，概括“美女、英雄，佳人、才子”是否可以借一根修竹？即益阳人美如竹。

我看画也是个画盲。但我知道，松、竹、梅被誉为“岁寒三友”，而梅、兰、竹、菊被称为“四君子”。苏东坡文章写得比我好，画画更不知强到哪里去。看着“竹美人”，他就醉了，文绉绉地说：“宁可食无肉，不可居无竹。无肉使人瘦，无竹令人俗。人瘦尚可肥，士俗不可医。”

写到这里，我自然想到永州。文人永州，益阳雅士。二者之间最大的区别，在于永州激荡一种飘零的情绪，益阳更接近，或者说倾向于纯粹的审美。无竹令人俗，俗气就是流氓。唯文人雅士，远离流氓阿飞，终岁闻丝竹声。

山清水秀的益阳里，我想象那里人有几多安逸，又有几多潇洒。他们闲适，有点孤独，有点无所适从。他们徜徉在安静的一隅，处在一个被遗忘的角落。

我终于惊奇地发现：正是丝竹之声，让今天的益阳门前冷落。美人大雅，让人高山仰止，景行行止。除了“竹美人”，益阳不像株洲，一抹一副脸。

说到益阳美女，我印象里有她们的形象：湘女多情，性情忠直，性格倔强，行事火辣，敏感高傲，美丽，腼腆，纯朴，眼里容不得半粒沙。

2007年，我跟朋友创办周刊，一个刚大学毕业的益阳女生来做记者，最忙时节，碰巧她爷爷过世，她横竖要一个丧假，霸蛮回家。等得她回来，耽搁了版面，同事有攀比，偶有话不入耳，她脸色通红，主动提出辞职，连工资都不要。我劝她考虑影响，毕竟新闻圈就这么大，离开得有个说法，免得换工作时人家胡乱猜疑。她昂然地说：人可以不吃饭，但不可以没尊严！

她这样处理同事关系，外人只能目瞪口呆。她有自己的方式，这不是“可笑的尊严”。有些人总担心人家，说某某性格，怎么在社会活下去。但每个人都是靠自己活下去，试图好心改变别人，总显得有些自作多情。益阳美女自有她的活法。

在一个快餐文化时代，需要慢嚼细品的益阳性格，门前冷落鞍马稀是一个宿命。蛮不及山地人，智不比水边人，此时的益阳，要说性格的最大特色，也就是没有特色。所以就某个人，人见皆知益阳人，但作为一个整体，他们容易失去自己，在某种程度上，附庸于他城。

益阳人的这个倾向，同样在方言上露了出来。作家叶梦说，益阳人以为自己的话很土。益阳人一到长沙，往往改腔换调。长沙人取笑益阳话，首先便是笑益阳人的茶、蛇、爬不分。益阳话中的这三个字都读旯（lá）。手里拿着一碗茶，看见地上一条蛇在那里爬。用益阳话说便是：“手里拿打一碗旯，看见地朗一条旯在恶哩旯。”

有益阳朋友告诉我：在城市的定位、发展上，益阳也自觉、不自觉地围着长沙转，在外人看来，它就成了长沙一条漂亮的尾巴。

看来缺乏狠劲的性格，同时容易失去自我。

知道了这些，我们会唏嘘感慨：自古红颜多命浅，难得才人有深情；惟英雄之零落兮，恐美人之迟暮！

蛮商怀化

写完“灵魂湘西”，我以为也写完了怀化。但今天商业时代，怀化包裹在商人怀中，几声呐喊，胸前却露出一石。那不是贾宝玉挂的宝石，而是在他生前的化石。

读过初中的人都知道：明朝时，中国有资本主义萌芽。这棵小芽成长结的果，却落在一个叫洪江的地方，五百年后，洪江演化成了活化石。当知道“中国第一古商城”洪江就在怀化，怀化名正言顺成了“中国第一商地”。

我最早对怀化的印象，却来自麻阳。那个教古汉语的老师怕课堂枯燥，就跟我们来幽默，一口气戏诵“麻阳十八怪”：“三个蚊子一盘菜，斗笠当锅盖，短裤穿扯长裤外，妈妈喊奶奶，鸡蛋串起卖，猪比狗跑得还要快，老婆子爬树比猴子快。”后面还有好多稀奇古怪，如今都不记得。但这些前所未闻，也给了我怀化第一印象：这是块有点古老的土地。

要翻麻阳历史，还真相当悠久：往事越两千年，此地已被叫“蛮夷之地，春秋楚国之境”。我终于给古老找到一个说法，是“我蛮夷也”的“蛮”。印证这一说法的，是“怀化”本名由来。怀化历史由来悠久，远在新石器时代，就有先民繁衍，遗址遍及全市各县，远古为禹贡九州之荆州地。直到春秋末期，楚国向南开发湖南地区并开始征服今贵州一带，才开始建立统治。战国时楚设黔中郡，怀化属楚黔中郡。怀化之名，最早见于宋代，取“怀柔归化”之意。不是中国难管的地方，宋朝的皇帝老儿用得着胸口时刻吊着这个紧箍咒来念叨？

于是我偷懒一回，从“蛮夷之地”和“活化石商城”里各提一字，将怀化冠以“蛮商”，以免画走了眼。

显然又来了比较。如果照偷懒的做法，“霸蛮娄底”与“商人郴州”加起来，难道也等于怀化？

在我看来，怀化跟娄底两个的模样最大不同，在于怀化的样子偏湘西味，纯朴里有天地自然，感觉上像王跃文的小说《漫天芦花》（1999年我第一次读到，至今印象深刻）。郴州跟粤商学来的现代味，就更加不是怀化古老的蛮夷味。是以，“蛮商怀化”，特立独行，独一无二。

地球村的人看到这里，可能都要纳闷：蛮人都是情天义海之人，商人却是平和妥协的人，这两种性格，怎么能同时地集于一身？

是的，怀化人骨子里同娄底一样，是性格粗重的人。即使没去过芷江，但没有中国人不知道：芷江有座日本受降的纪念坊。原坊建于1947年2月。1945年8月，何应钦在这里举行了震惊中外的日本投降典礼，确定了日本投降各项具体条款，受降签字时间、地点，完成了接收日军投降全部实质性工作。如今室内陈列的桌、椅、沙发等均属原物。这座纪念坊，可是用中国人的血肉堆成的。

看到纪念坊，你不由自主地想起革命。邵阳人讲请客吃饭也是革命，怀化人说革命不是请客吃饭。打仗杀日本鬼子，没有一双重拳不行，没有两把斧子不行。怀化人双手握拳，提三尺之斧，俨然楚蛮遗风。湖南人性格都比较粗重，怀化人性格又直接，跟株洲人有得一比。

这样一种形象，怎么着也让人联想不上商人。说“烟花三月下扬州”，我们在脑海里看到的是文人；说“前月浮梁买茶去”，我们眼前走过一个江浙商人。商人形象都是温婉的，是和气的。但怀化却打破了这个固定的模式，让“我以我血荐轩辕”的血性之人，也做成了中国最先的资本商业，这真是旷世奇迹。

最近有新闻翻开了历史，说：洪江早年是滇、黔、桂、湘、蜀五省地区的物资集散地，享有“小南京”“西南大都会”之美誉。洪江古商城由来已久，只是“藏在深闺人未识”。站到历史的码头看，洪江是本了解中国资本主义萌芽的形象教科书，一座集政治、军事、经济、宗教、文化史料大全于一体的活性博物馆。

这一发现，还真足以让地球村的人震惊。因为湖南人不会做商业，湖南人这么认为，中国人也一直这么说。

几年前，围绕“湖南人会不会做商业”发生过一件趣事。那时，湖南大作家、怀化人王跃文先生在博客里写《尚需时日话湘商》，引起轩然大波，湖南人不以为然。恰好伍继延老兄正在创立“湘商”，我们在一起谈到这篇文章，伍继延说：湖南人怎么可能缺乏商业基因呢？这不是历史事实。他逐一列举，其中说到洪江。我之前跟王跃文老师打过交道，知人论世，猜测他的写作初衷，是对湖南人热爱打仗厌倦了，特别地用了这个激将法，盼望湖南人少打架，多做实业、实事。

但辩论之后，却加深了我的印象，原来湖南人早有商业遗传：古商城源于春秋、始建于唐代、鼎盛于明清，是我国唯一保存完好的明清古商城，有个形象的说法，洪江是《清明上河图》的活版本。

但洪江古商城到底因什么原因而长存的呢？这引起我的联想。查阅资料，我了解到，明末清初时期，洪江古商城就已经出现新型的资本主义生产关系萌芽，商人通过榨取雇工的剩余价值来积累原始财富。这与明末苏州、杭州等织布业发达地区出现的资本主义萌芽是一样的原因。

洪江本是弹丸之地，但汇聚了直通洞庭入长江的沅水、巫水和舞水，这几条支流先后流入沅江，至此江面变宽，水势浩大，宛若一股洪流。得天独厚的水运，使洪江古商城从湘黔边境的大墟场，逐渐过渡成湘西南重要的驿站和繁华的商埠。

这也让我们明白，撑起洪江商业的棚顶，根子在于地利。

为什么洪江古商城能保存500多年，至今仍能使用？怀化人曾湘洪一语道破秘密：洪江地处险要，历代为兵家所争夺，是各省军阀的发祥地、财源地、镇守地，军事力量使洪江古商城得到了较好的保护，也让洪江商业得到了从容的发展。

这可以理解为越危险处越安全。不是洪江人天然能商会道，而是地利与共同的需求，成全了它的持久。

这是一种奇特的商业，相当于战争经济。或者说，根子上是依赖战争。战争能够成就经济，这在今天地球村里依然屡见不鲜。

稍一想象，500年洪江，能闻金戈铁马之声，能见刀枪齐鸣之阵。

看历经沧桑，几堵古城旧墙，洪江已经失去往日繁华。进一步说：就地利而言，洪江早年勃兴，靠的是水路。这算得上一种“稀缺交通”。经济学理论早就告诉我们，经济现象存在的前提之一，是资源稀缺。但随着路拉通了，线铺上了，交通、通信同时发达了，交通资源泛滥了，地利的作用也就丧失，洪江无可避免，逐渐淡落。

无论战争，或者商业，真正上得了大成境界，地利天时之外，无一不需要人和。当然商业有起有伏，盛衰乃是常事。至少它的成功，给湖南人带来自信。

总体说来，洪江得益于地利，又兴于人气，但人和失算。因为过分依赖军事，又仰仗武力——说得更直接，就是“蛮”——就有点自生自灭的味道，多少显得缺点商业智慧。从这个意义上说，湖南人缺乏商业的准备，或者说兴趣，王跃文先生的观点，核心也正落在这一点上。当然，准备与兴趣，跟人的天赋，还是有些不同。

但地球村的人都知道，文化的湖南人最不缺乏的是智慧。湖南人有问鼎天下的智慧，而商业向来被视为天下末流。时代转圜，当商业被赋予至高的地位，以湖南人的智慧，未必不能问鼎天下商业。但这需要几代人积累，不可计日程功。

洪江古商城是座古城，怀化却是个年轻城市。中国在喊民族复兴，重回我大唐雄风。在这个时代布景里，洪江古商城重振繁华，也是怀化的必经之路。

湖南人有一项伟大的能力，就是复兴。20世纪初，中国一盘散沙，乱得不成样子。毛泽东写诗说：名世于今五百年，诸公碌碌皆余子。他结束了中国的纷乱，果然让中国回到了清平世界。名世今又六十年，作为湘商文化创始人，岳阳湘阴人伍继延给“湘商”寻根溯源，2009年5月，他发起“2009湘商寻祖”，认定洪江是湘商起源地之一。历史喑哑的锣声里，今天大锤又已高举。这对怀化这座城市的性格，乃至性格赋予的命运，都将产生不可估量的影响。

我当这是湖湘性格的内部对接，是山地与水边性格的交融（详见《眼睛岳阳》）。追忆往昔，我不禁感慨：500年以降，蛮商怀化，蛮已遥远，商字依然。个中况味，恍若一首唐诗：去年今日此门中，人面桃花相映红；人面不知何处去，桃花依旧笑春风。

湖湘内部性格整装待发，湖湘文化酝酿第三次雷动。明天的怀化，“商”字前面挂哪个字？这让人几分憧憬，几分期待。

眉毛张家界

因为写完了湘西，也等于写好张家界；既然将它又列出来，得多看一眼，那么望山。人间四月天，刚好看到红网里有天门山。春阳日暖，但见山上烟雾缭绕，神秘莫测，看后的感觉，用李白式的浪漫说：啊呀呀！不得了啊，山真高啊！天门高万丈，仰手可摘星！不敢高声嚷，恐惊天上人！

从中国古代的神话故事读起，一直看到湖南卫视播的《鬼吹灯》，一篇篇读罢看完头飞雪，我们会有个令人惊讶的发现：原来在中国人心里，高山与神秘从来是一对夫妻！就像金庸武侠，凡是武功盖世之人，必然住在什么神秘“桃花岛”。神话小说《西游记》里，凡是山高水长，白云缭绕处，必得有神仙。张家界不出吴承恩的所料，果然山有大仙。所以最开始的直觉，想写下“孙悟空张家界”，来写活湖南人的猴性。只怕这标题太吓人，让一篇深刻的地域性格图景，反被误以为游戏。所以藏在里面，让人看后回想一下，张家界人的性格里，是不是有几分英雄的猴气、仙气？

而这个性格，最恰当地画出来，简单一笔，最好却是人的眉毛。单看名字，张家界也像眉毛一样小气：一户张姓人家画的一叶柳眉似界线。

所以去看清张家界，我们从一笔眉毛说起。眉毛从生长出来那天起，丛丛密密，貌似森林，不是用来遮风挡雨，而是为了让人看起来漂亮。所以对照来看：岳阳是湖南的眼睛，中国日夜沉浮其中（乾坤日夜浮）；张家界是湖南的美眉，游客都争着来看。岳阳跟张家界放到一块，湖南有眼有眉，就有了神采——眼睛传神，眉毛传采。所以说，今天若有中国人不知道张家界，多少自己有点不好意思。

是以，眉毛像张家界一样具备极佳的观赏价值，所以它总是要像张家界的山一样秀气，才可能化妆成个人见人爱的美女：要小、要巧、要秀，要如柳叶，要看起来像张家界。

但把张家界看得有仙风，就得类比上个远色英雄。不像猪八戒，见美女就喊姐姐，端茶、送水、下跪、求吻，俗得不得了。孙悟空不。他身多猴气，英雄气、仙气，毫毛多过眉毛。因为孙悟空的毫毛像张家界的山一样随时千变万化，所以张家界同孙悟空的眉毛一样让人变幻莫知。朝晖夕阴，风去云来，气象万千，乃张家界之大观。

我好奇于张家界名字，居然来源于张良。据说早先叫青岩山，那时也没有张姓人家。刘邦平定天下后，滥杀功臣。张良想起“狡兔死，走狗烹；飞鸟尽，良弓藏；敌国破，谋臣亡”，汗从心来，便效法范蠡，隐匿江湖。

入江淮，乃刘氏腹地；至留县封国，不能久安；秦岭、巴山，虎豹成群，不是养生延年之处；西北方，匈奴骚扰……思来想去，只有到南方。到了屈原被放地，想起：“沅有芷兮澧有兰，思公子兮未敢言”“广开兮天门！纷吾乘兮玄云”，想象那里必有人间仙境，多养生乐趣，于是循足上了天门山，从此隐居下来，修行学道，并留下了一脉张氏子孙，赐名“张家界”。

我幡然悟到：像屈原决定了湖南人性格基调，张良决定了张家界人的性格方向。

张良是个什么性格的人呢？首先得看他是长得什么样的人。司马迁同我们一样，当年抱很大希望，以为是英俊的帅哥，是魁梧的伟人。但见到张良的画像，却大失所望。原来状貌“如妇人好女”。在他的想象中，张良用大铁锥刺秦王，一定是个魁梧的人。司马迁生活在汉武帝时期，年代距汉初不远，能见张良画像，应当是可信的。简短五个字，就让我们看明白，张良体格不似樊哙也不及周勃。

强健的体格，方有强健的性格；飘逸的体格，当然有着飘逸的性格。

这五个字，让我同时恍然大悟：而张家界的气质，正是这“妇人好女”。

湘西人刚烈，有匪气，张家界人不是凤凰气味；岳阳人天然是一种胸怀、气魄，张家界又偏山地味道；与土气的湘潭比较，厚重气味，更是风马牛不相及；跟娄底的粗重品格比较，张家界是完全反着来的。如果说稍微有点接近，就是邵阳。但邵阳人的阳刚、彪悍、血性、凶狠，跟张家界也不是一回事。原因就是：张家界性格，是“妇人好女”。

看跟邵阳人气味接近的张家界人贺龙。

贺龙两把菜刀闹革命，在桃源、慈利、石门传为美谈。1918 年 1 月，湖南护法军迎头痛击由川陕入鄂的北洋军阀，一举占领岳州。就在湘西民军分途进军时，贺龙凭三杆枪，邀集了 18 个同生死共患难的朋友，从石门涉过澧水，自动参加民军的援鄂作战。不久，贺龙成了湘西援鄂一路军下属的游击司令。

贺龙依靠这三杆枪拉起队伍，在将近两个月时间，发展到100多人，70多条枪。对这段经历，后来他在履历表中写道："1917年底，曾用两把菜刀，发展到百余队伍，任援鄂军第一路总司令所属之游击司令。"

贺龙以两把菜刀闹革命，不可谓不凶狠。但只要他往十大元帅的彭德怀面前一站，两种截然不同的性格，凭肉眼都能看出来了。彭德怀土气得刚直霸道，贺龙是偏灵秀的元帅，有点蔡锷味道。灵秀正是"妇人好女"。

即使以武术家闻名于世的张家界人杜心五，他的性格根子里还是张良的"仙风道骨"。

杜心五有两个外号：因为他身材瘦削，被称为侠骨；在日本留学时，曾经飞腿打败相扑，又被称为神腿。侠骨神腿，给人的感觉，不是力拔山兮气盖世的形象。

据说他平时寡言少语，唯谈及禅学武功，则踔而奋发，娓娓不倦；一心甘于淡泊恬静，故弃官归隐山林，与世无争，除了揣摩技艺道学外，就是遨游于山川湖水之间。晚年因习道心切，返家乡慈利县，结庐为观，入羽士之流，自名"斗米观居士"。

有史料说，20世纪30年代初，他开始收徒传艺，弟子甚众，多怀绝技。名徒有万籁声、郭凤歧、陶良鹤、李丽久、胡亚夫等。其绝技内圈手有两种练法，一种为由高往低练，越练架子越低，由高徒万籁声流传下来；另一种不为人知的练法，由低向高练，越练架子越高，这一支的传人是一名不知姓名的女子。

所以，我借中国古代专代女人的眉毛来画张家界，根本的原因，在于张家界在湖南中最特别的地方，是湖南性格根本上是阳的：邵阳、衡阳、岳阳、益阳，人因地而阳。你看即使水边岳阳，气魄之大也“洞庭波涌连天雪”，而唯有张家界性格是阴的。湖南山地的性格，概括起来，就是阳刚。水边的性格，两个字形容，就是阴柔。张家界阴柔之外，还有“阴刚”，意思是以柔克刚。跟张家界气味最接近的，我看是已跑到广西去了的桂林。

站在阳刚的对面，阴柔的张家界仙风道骨，小、灵、秀、奇。

小、灵、秀、奇被张家界人发挥，逐渐就成了他们的旅游特色。张家界说，它有四奇：奇声、奇月、奇影、奇光。

如果说，阳刚的湖南人光明正大，阴柔的湖南人更多沉溺奇技淫巧。湖南人有策略，也正寄于此。这一性格特质，说得好听叫“文韬武略”，骂得难听叫“阴谋阳谋”。

但也正像岳阳柔之以天地大气魄，张家界柔之以生命自然。这就是她的湘西气味。

一阳一阴，像似男女。关于男女性格，孔子说：养生者不足以当大事，惟送死者足以当大事。这貌似夸男人，但没有女人生孩子，男人拿谁抬去埋葬？

所以，张家界构成了湖南人性格中的不可或缺的另一极：阴柔。

神秘、阴柔，天门山是张家界这个性格的外化，也是它的一个载体。而天门山又在有意识地牵引，将张家界性格朝着这两个方向，越走越深，越走越远。

被当地人民奉为神山、圣山，美誉的由来，在当地人代代相传的传说故事中可以找到源头。在整个湘西流传最广、影响最大的两个传说，是“天门翻水”和“天门转向”之谜。

“天门翻水”，是天门洞右侧绝壁之顶，会在旱季晴天忽泻洪水，而出水之处并无任何水源，本地人基本都多次目睹过这一奇特现象。说法更为神秘者，则是出现翻水的年份，总与重大历史事件、较大自然灾害之年份严丝吻合。“天门转向”在张家界也家喻户晓，当地人都肯定地认为，天门洞的方向近几十年来在悄悄转动，以前在市内几处，能清楚看见天门洞，现在却因方向不对，见山不见洞。人们一致说：只有天门洞从北向西北方向发生了转动，才会如此。

神奇传说广泛流传，科学难有的解释，令天门山更显玄奇。张家界性格，朝着这个方向，飘得更远。

更为离奇的，是传说“鬼谷修易”。鬼谷子是谁？就是合纵连横家苏秦、张仪的老师。人家打天下搬18种刀枪，他们用三寸不烂之舌，还真打下来了。苏秦就做了六国宰相。鬼谷子老家伙，在历史书里也形如鬼火，寻常看不见，偶尔露峥嵘，一张脸最多让你看到眉毛。据说他在天门山绝壁上的鬼谷洞内隐居，研习易经，传授鬼谷神功。鬼谷子登峰造极的阴柔功，无疑沉淀在张家界人的性格基因里。

真正的英雄、伟人，从来都是半雌半雄，因为人生天地之间，不能总是去埋葬别人。而这正是邵阳人性格中要命的缺陷。纯刚纯强的人，是无法活下去的，所以事实上也不存在。湖南的无数伟人、伟人中的伟人，看上去都不可能是霸蛮、凶横、满脸杀气，但一定让人感到亲切、温暖。老子说伟人最高境界是：太上，下不知有。最好的统治者，他虽然存在，老百姓感觉不到。这是无为而治，是顺其自然。这正是张家界的“妇人好女”品格。张家界摆到我们面前的，是一个境界。人一到得境界，再去看时，就有点虚无缥缈。

湖南人霸得蛮，张家界“耐得烦”。男人性情粗糙，但要成大事，必得要有耐性。张家界男人都有耐心，这点跟常德人相像。

同时，张家界的仙气，跟南岳一样缭绕，让湖南人性格，多了几分轻松、通透、洒脱。湖南人性格整体粗重，乃至十分沉重，所以做起事来，出手老犯“高射炮打麻雀”的毛病。张家界眉叶轻轻，有仙、禅、悟，轻松几句话，盈盈一眉，四两拨起千斤，就将黑沉的性格，融进温暖与飘逸的颜色。

如果不信，一个横眉冷对的人，一个怒火冲天的人，每天都尝试来朗诵下面这段诗：天门山上天门洞，天门洞横天门坎；人间天上由坎隔，若往仙界跨坎过；一生无忧幸福多，犹如神仙乐呵呵。语言改变思维，思维方式可以改变性格。

从“霸蛮娄底”看到“眉毛张家界”，两种极端反差的形象，再次让我们看见：湖南人性格都矛盾，不矛盾不是湖南人，无矛盾不能成就湖南人。

近代以来，湖南人纵横天下，什么也凭借不了：老天不垂青，皇帝没正眼，祖宗没遗产。什么也没得凭借，也就只有性格。将湖南人剥光了，最后赤裸只剩性格。唯有或火辣似铁水，或温柔如春水，五光十色、独具魅力的性格，影子一样效忠于天下湖南人，让湖南人得以纵横驰骋，称雄地球村。

眼睛岳阳

在中国的文学里，眼睛是专门描写女性的。画得最写意，所以最传神，莫过于“一顾倾人城，再顾倾人国”。敏锐的人预感到，我炯炯有神地来描画岳阳，等于要专一从她的目光里发现奥秘。这也预示，我们在这里开始告别邵阳彪悍、湘潭“土气”、娄底霸蛮，进入一个新奇而神秘的地方。

所以，就像“嘴巴长沙”并不确实在湖南这颗脑袋的嘴边，“眼睛岳阳”怎么也不大可能真正镶在湖南眼角。但在我脑海里漂浮的岳阳：碧波荡漾，柔情似水；明眸灵动，佳期如梦。一波一动。除了眼睛，已没有更确切的形容。

湖南这块土地，用两个字拎起来，无非是“山水”：山是八百里南岳，水是八百里洞庭。山地的人与水边的人，完全不同，或截然相反。因为他们的生存环境、生活方式完全不同。所以当我们眼前现出岳阳，湖南的另面正在被荡开。

山地人与水边人的分别，湖南坊间有句话，说得十分传神：穷山恶水出刁民，洞庭湖的麻雀见多识广。刁民好斗，麻雀机灵。这两种人的感觉，我们从可作代表的两个人的房子取名上也可体会：娄底曾国藩故居叫“富厚堂”，岳阳左宗棠故居叫“柳庄”。无论从名字还是去实地看，富厚堂都像一个山野的地主豪宅，厚重典雅；柳庄名副其实像一个乡绅的居所，飘逸休闲。

山与水有思想深度的分家，要算孔子老人家那句著名的话：仁者乐山，智者乐水。一句将许多发现全打了包。仁者是稳重的人，是道德家，像父亲；智者是飘逸的人，是时尚家，像母亲。山是不变也怕变的，千年前是这个样子，万年后还是老样子；水是怕稳也惧稳的，所谓流水不腐，前一秒这样子，下一秒已不知什么样子——或者已变作水汽。将山踏到脚下容易，要抓住水，等于用竹篮打，难度高过长沙人空瓶子喝出酒。

所以，湖南一千六百里山水，是血与火的缠绵：靠山者多蛮，近水者多黠。力与智，你上我下，你左我右，你先我后，你进我退——水与山全是反着来的。

中国人喜欢用水形容女子，发明一个词语叫“似水柔情”，是“未到江南先一笑，岳阳楼上对君山”。曹植写《洛神赋》，称有女“明眸善睐”。傅毅作《舞赋》，看女子“目流睇而横波”。说得通俗，世间凡好女子，都要眼睛转得快。聪明两字分开看，就是耳聪目明。眼睛眨巴不停，等于告诉别人，这女子很智慧。

当聪明等于眼睛眨得快，心思跟着眼睛，像私奔一样跑。有首歌说：女孩的心思你别猜，你猜来猜去就会把她爱，她为什么悄悄流眼泪？她为什么突然乐开怀？这说的是善变。

与善变对应，水是脆弱的，就像文化。文化从娘肚子里出来，名字就叫作脆弱。但似水的文化，能给人以眼界与胸怀，就像只有女性能给人以生命。支撑起人类社会大厦的支柱，同样是且只能是脆弱。老子早在两千年前就发现了。

所以，将湖南分开来看，我们看见岳阳。有趣味的岳阳，与南岳山地，反其道而行之。水边人的性格，有一种包容。包容是文化，是一种脆弱，正是这种脆弱的文化，给人以莫大的气魄。

湖南人的霸蛮里，都藏有一个胸怀；湖南人的骨子里，都含有一种气魄。而到了洞庭湖畔，蛮而勇的惊天之力，被开阔、柔性而脆弱的水激荡，如波涛连绵，海天一色，深远悠长；不绝如缕，如万里长空为忠魂舞；又或如大地风雷，怒气直冲霄汉，离天三尺三；再又似荡胸生层云，决眦入归鸟。这种奇观，如大风起兮，鲲鹏展翅，气象宏大，意境开阔。这种胸怀与气魄，便能包容天下。用岳阳一句现成的话，叫："洞庭天下水，岳阳天下楼。"

岳阳湘阴人左宗棠最先说出"身无半亩，心忧天下"，绝非偶然。湖南人以天下为己任，也是近代以来的事，而这句话带给窝里斗湖南人的震撼，不异于晴天霹雳。青年毛泽东被震倒，他瞬间回过神来，学来左宗棠，又进一步，发明一句话：身无半文，心忧天下。有了这一说法，"粪土当年万户侯"，就是顺理成章。

毛泽东同时将这种忧患意识也发挥到了极致。他在《民众的大联合》里说：天下者湖南人的天下，国家者湖南人的国家；我们不说谁说？我们不做谁做？这就是责任与担当的源头，经过逐渐的积淀，成为天下湖南人性格。湖南人胸藏的，从来不是国家，不是世界，不只地球，而是宇宙。用毛泽东的话说：丈夫何事足萦怀，要将宇宙看稊米。他的内心，思考的从来没有琐事，不是地球事，而是宇宙人生事。所以毛泽东的哲学深邃，思考深刻，普通哲学家远不能达到其十分之一。

在湖南的土地上，山地人的性格，都是邵阳风格，是至刚至强的男人。但正如古人所说，峣峣者易折。一个纯粹霸蛮的大男人，无义则乱，为个人眼皮底下那点鸡毛小事，斗得死去活来，这样狭隘如鸡口的胸怀，不但让人厌恶，而且也永远不可能做出任何有意义的事来。湖南人之所以能问鼎天下，在于性格的山水交融，已经十分完备。所有极端矛盾的性格，看似水火不容，却总能在某个具体的湖南人身上统一。于是发生这个奇迹，在至刚至强的男人性格另面，有洞庭的脆弱与柔性。

将山地人性格刚强生硬的一面柔化，洞庭湖给湖南人最重要的好处，是开阔了胸怀，拓开了视野，注入了气魄。

当湖南人眼睛从山头移开，世界原来如此广袤无垠。

眼睛岳阳是以她的柔弱、敏感、多情、智性，完善了湖南人。

性格中的山水交融，需要伟大而有天赋的人，以极高的悟性，将天赋自然打通入心。这是湖南人提升层次的不二之路。真正能通达的天赋之才，就能够站到宇宙人生最高境界，成就内圣外王的人格。

放眼岳阳，左顾右看，我们发现：如果“白银盘里一青螺”，画出的还只是纯美的君山岛；唐代诗人孟浩然一句“气蒸云梦泽，波撼岳阳城”，则通过诗人敏感的灵魂，开始感悟到洞庭气魄；至于自中国有历史以来最伟大的政治家毛泽东，他以诗人的感性，一句“把酒酹滔滔，心潮逐浪高”，将孟浩然气魄已融化进入心，化作随物赋形的智慧。

毛泽东的天赋，在于他将纯美与气魄融成一体。今人评王维，说他“诗中有画，画中有诗”，毛泽东一句“洞庭波涌连天雪”，将洞庭纯美描写逼真，气魄张扬到尽头，诗画也妙合一体。因此他的诗歌创造，其境界、水平，也达到了前人所不能及的高度。

柔弱、敏感、多情、智性，这些性格与山地的霸气、刚强、生硬融合，对个人性格完善所产生的奇迹，我们可以读毛泽东晚年的《观潮》：

千里波涛滚滚来，雪花飞向钓鱼台。

人山纷赞阵容阔，铁马从容杀敌回。

这首七绝虽在写钱塘江，但将山地人的勇猛、好斗、胆识与水边人的柔弱、包容、智性完美融合，到达一个巅峰，就是从容、冷静、临深不乱，举重若轻。这是南岳与洞庭结婚，是山水无间交融；山为壮躯水作眼，山作骨肉水化魂。

如果说，岳阳以眼睛一样的女性品格，完善了湖南人性格，那么，千百年来，岳阳这双敏感的眼睛，一直是湖南开眼看中国的一扇窗户。

古代的湖南，三面环山，一面临水，土地封闭，是个四塞之国。用毛泽东的话说，一个闭锁的洞庭湖，将他们轻轻挡住，湖南人因此奉行“湖南饭湖南人吃主义”。打破这种闭塞、狭隘眼光的，也是洞庭湖。湖南人荡起一叶扁舟，从这里划开一条水路，迈脚进京赶考，从此血脉广袤连中原。

岳阳成功渡过湖南，是以“破天荒”的方式。唐宣宗大中四年（850），湖南考生零星，但一个叫刘蜕的人，突然中了进士。在中国如云进士中，他成了湖南第一人。这一举成功，让整个湖南为之沸腾。在他之前，被洞庭湖轻轻挡住，湖南书生从来没有能踏上京城一步。魏国公崔弦镇守荆南，得知后写信示贺，赠他 70 万“破天荒”钱。这也是成语“破天荒”的由来（宋代孙光宪《北梦琐言》第四卷原话是：“唐荆州衣冠薮泽，每岁解送举人，多不成名，号曰天荒解。刘蜕舍人以荆解及第，号为‘破天荒’”）。

“破天荒”后，湖南与中原的联系日益密切。湖南人头一回发现，原来读书还可以做官。这直接刺激了他们，整个湖南，书声琅琅，也开始于那时。

灵动的岳阳，眼波如水，放眼逡巡，随湖而去，发现“外面的世界很精彩”。与外界融合，同时就生出了湖南人兼收并蓄的性格。就是说，南北比较起来，岳阳人没有山地人的自我中心。但纯粹的岳阳性格，当然缺点也明显：没有山地人的胆；做起事来，更易浮躁、飘忽；点子奇多，但止于小技。一个麻雀，至为形象。

几年前，我跟老家岳阳的小师妹李伏媛谈起湖湘文化，我说曾左毛刘，正到兴头上，她淡淡一句：到底有没有湖湘文化啊？反证时说到中原文化，两千多年，源远流长。我一下子噎住了。她二十出头就进了北京师范大学历史系，攻读硕士，毕业就进了岳麓书社，专业的历史学，我肯定没她通。但湖湘文化还是有的，要不那么多专家学者，研究岂不都打了水漂？我就反思：她为什么对湖湘文化如此淡漠？一方面她个性不喜欢打打杀杀，但历史专业人士眼里，她的地域、时间穿透感，肯定跟我不一样。纵横几万里，上下几千年，一切都显得渺小，在眼界开阔，胸襟博大的人看来，确实境界大不一样。

因为性柔而有了胸怀，因为灵动而有了眼光，所以范仲淹慕名来写。据可信野史记载，庆历六年，好友滕子京送来岳阳楼图，告诉他该楼重新修葺，将历代赞扬诗赋，刻石附立，求一篇《岳阳楼记》。九月十四日夜，秋风送爽，月光皎洁。范仲淹把岳阳楼图张挂起来，对图凝神构思。他早年随继父在澧州安乡（今湖南省安乡县）读书，到过岳阳一带，凝图遐思，悟得岳阳景色之妙，全在洞庭湖。寂然凝虑，思接千载；悄然动容，视通万里。他灵感顿发，视野辽阔，境界超脱，一句“先天下之忧而忧，后天下之乐而乐”，看见了中国官场的前世来生。

写到这里，再回到左宗棠的“身无半亩，心忧天下”，我会想：这不正是范仲淹“先天下之忧而忧”吗？如此说来，岳阳换个视角，我会将她画成“胸”。她性柔似母亲，用胸脯哺育了湖南；她胸怀开阔如海，让湖南人性格有了包容、胸襟。

但胸的抽象画，或者说印象画，轻轻一点，又成了眼睛。胸脯就是眼睛，在中国早有传说。中学生都知道，《山海经·海外西经》里说：“刑天与帝至此争神，帝断其首，葬之常羊之山，乃以乳为目，以脐为口，操干戚以舞。”以乳为目，这大约算是岳阳“画胸点睛”的智慧。当一双眼睛为湖南守候千年，今天的时代，它仍在寻求担当。

岳阳我虽去得不多，但在外若遇上来自岳阳的朋友，分辨时也只要看他们的眼睛。岳阳人的眼睛，有着水的柔性与灵动：孙悟空是千里眼，岳阳人有“万里见”。他们的眼里，闪耀着智慧，飞扬着气魄。中国第一任外交官郭嵩焘，以他岳阳湘阴人特有的书生远见，第一个走出国门，让国人看到西方先进的政治制度。

写到这里，自然想起岳阳湘阴朋友伍继延老兄。2007 年 10 月，我应邀去了他的家乡湘阴，见左宗棠故居，话湘商文化。作为“湘商文化”创始人，他以“洞庭波涌连天雪”的气魄，酝酿当代湖湘文化在世界的春潮雷动。他说：湖南自曾国藩的湘军、毛泽东的湘政之后，文化已经走向衰落。他要团结天下湖南人，再度创造大超越，实现湖湘文化的第三次复兴。他要我谈点对湘商或岳阳的想法。那次回程途中，脑海激荡洞庭、湘江波涛，四句话自然而然冒了出来：

东江边上柳庄风，山云水间化入萌。
远浦奔向天下去，南北潇湘一脉腾。
文庙左看文园事，一样书香漫麓恒。
他年求索今朝迹，天涯比邻尽伍朋。

今天写着洞庭湖，眼前水波激荡，心中载沉载浮。看苍茫大地，“浩浩汤汤，横无际涯”，非有“万里见”，不能看到“孤帆远影碧空尽”，不能明白“山是眼波横，水是眉横聚”的高妙。

湖南从这里出发，蹚开脚步，荡开波涛，御风鼓帆；放眼地球村，天下智慧如鹜鸟，正乘水而来。

收卷语

为了那场崛起，湖南准备了两千多年

曾经“千年孤独”，突然“百年怒放”

说一件发生在我身上的真实故事：十年前，我去北京参加一次全国性的会议，席间跟一位年过花甲的辽宁籍老人聊天。他问我哪里人，我说湖南衡阳，老人摇头表示不知。我只好换一种方式说，我生活在毛主席的家乡。老人脱口而出：你是韶山省人！

我刹那间脑洞大开。我惊讶的不只是他随口便发明了一个“韶山省”，而是在这位足迹不及南方的东北老人的记忆里，韶山居然代表了整个湖南，而这又是他唯一最为鲜明的印象。

我自然联想到 1860 年（咸丰十年）发生的另一件湖南往事。这年，江苏人潘祖荫在上报给朝廷的奏折里，说出的一句至今仍在广泛流传的名言：“国家不可一日无湖南，而湖南不可一日无左宗棠。”

毛泽东跟左宗棠，两位同是从湖南土地走进全国的人物。如今，两人不但在中国之内是家喻户晓的伟人，在世界范围同样是声名远播的名人。2000 年，美国《新闻周刊》评选“一千年来全世界四十位智慧名人”，中国仅有三位伟人入选，毛泽东跟左宗棠并列入选。

有人曾将近一个半世纪来湖南出过的伟人编了一句“诗经体”顺口溜，方便读者记忆，曰“曾左黄蔡，毛刘胡朱”。

因为一个个生龙活虎的湖南人，人们通过阅读他们垂耀的事迹，同时知道了湖南省。

近代以来，数代湖南人一度活跃在中国历史舞台的聚光灯下。“中兴将相，什九湖湘”“一部中国近代史，半部由湖南人写就”，传言逐渐流传开来。回望曾左引领的第一拨崛起的湖南人才，中国八大总督，有六位出自湖南。有人因此戏称，湖南人主持召开国事会议，往会议室内一看，底下坐的又多是湖南人，不知情者以为他们在开“老乡会”。

放进历史的长河中看，湖南近一个半世纪之久的人才极盛，像是经历两千多年漫长冬季蛰伏之后的春天怒放。

鲜为人知的是，在1723年（雍正元年）之前，中国史册里并没有“湖南省”。而追溯到764年（唐代宗广德二年）之前，中国人的字典里甚至连“湖南”的名字也找不到。因为直到这年，唐朝政府才在衡州置“湖南都团练守捉观察处置使”，简称“湖南观察使”，领衡、潭、道、邵、永五州。

早在先秦之前，湖南地域的名称叫荆楚。“楚”指位于湖北的楚国或楚民族早期生活居住的楚地；“荆”指荆山（今湖北沮水、漳水发源地之荆山），即楚族部落首领熊绎受封于西周之后最早开辟的聚居地。

周朝早期，荆楚地微人卑，政治上完全被边缘化。熊绎在荆楚土地上开疆拓土，历尽艰苦建立楚国，在周王朝内却被看作不开化的“蛮夷之邦”。《左传》上记载了周天子会盟诸侯时的一次场景，各诸侯王受周天子邀请在宴席上大碗喝酒、大块吃肉，商谈国家天下大事，楚王却不被待见，不但无权入席，还被安排在厨房里打杂，给诸侯王们烧火煮饭，类似于在厨房打下手的伙计。

熊绎这段卑微且屈辱的经历，两千余年后仍令湖南人记忆犹新。民国初年，由长沙城南书院转型为现代学堂的湖南第一师范学校，编了一首校歌，歌词就提到他：

“衡山西、岳麓东，城南讲学峙其中。人可铸，金可熔，丽泽绍高风。

多才自惜夸熊封。男儿努力，蔚为万夫雄。”

“多才自惜夸熊封”，指的正是周天子封熊绎为楚国国君这件事。作为以文章第一名考进湖南第一师范学校的学生，受城南书院自由对讲学风的熏染，毛泽东当年正是唱着这首歌走出校园的。

在湖南第一师范做学生期间，毛泽东对以曾国藩、左宗棠、彭玉麟、胡林翼为标志的第一波湖南人才崛起格外留心，他步迹追溯，一直研究到跟自己在同一时代生活达二十余年之久的黄兴、蔡锷。其后，毛泽东这样总结百年湖南前人：“曾左，吾之先民；黄蔡，邦之模范。”

翻检史籍之后同时可以看到，从楚王熊绎筚路蓝缕以启山林，到曾左彭胡第一拨本土人才蔚然崛起，再到以毛泽东为代表的新中国一代领袖、将帅全面绽放，时间相隔已两千多年。

前面漫长的两千余年里，湖南作为中国中部闭塞一省，在中国煌煌史册中吉光片羽，仅起到一些点缀跟装饰作用。

为什么经过长达两千多年的开发后，湖南这片土地可以独放异彩？又为何要经过两千余年的准备，湖南人才方能全面崛起，兑现“惟楚有材，于斯为盛”的承诺？

要弄清楚这两个问题，首先得去看看湖南这块土地上的人口繁衍生息的历程。

原住民与移民融合，准备好了湖南人口

地球已经存在四十七亿年。湖南这块土地，与地球同龄。

我们今天说湖南的历史，其实是指生活在这方土地上的湖南人生存与发展的历史，而不是研究追溯湖南地质史。

人口繁衍是历史得以发生的根本。人是宇宙的精华，万物的灵长，是天地间第一可宝贵的。当湖南这块土地上有了人，他们的行迹被后世记下，我们便说，湖南历史开始了。

在人类蒙童之初，湖南地面上事实上生存着一群跟今天大异其趣的人。

据 2005 年由聂荣华、万里主编的《湖湘文化通论》，在春秋战国时期乃至更早以前，湖湘大地主要居住着五个古老的民族、部落族群，即越人、蛮人、濮人、巴人和楚人。其中以前三者最为古老，后世称为湖湘大地的“原住民”。后两者进入湖湘地区的时间相对较晚。越人后来成为现今湖湘侗族的先民。

蛮人是湖湘地区最古老的部落族群，一般认为是殷商至西周时期的“荆蛮”，即远古时期曾经与炎、黄两大部族集团逐鹿中原的苗蛮。他们广泛分布于长江中游、湘北洞庭湖沿岸地区。春秋战国时期，在楚人不断的征伐、挤压之下，蛮人部分被融合进楚民族，部分则从滨湖平原溯沅水、澧水向湘西和湘西南迁徙，他们依然保留着自身的民族特色，成为现今湖湘苗、瑶民族的先民。

濮人是湖湘大地最古老的原住民。聚居在湘西的濮人，后来成为秦汉时期史籍中所记载的“武陵蛮”“五溪蛮”的主要构成部分，与前述“蛮人”一道，成为现今湘西和湘西南苗、瑶等少数民族的族源之一。

巴人相传起源于鄂西清江流域，为廪君巴务相的后裔。巴国被秦国所灭，川东失国的巴国遗民大批流徙进入湖湘，散居于湘西北和湘西的蛮人、濮人居住地区。这一民族成为秦汉时期的“武陵蛮”和“五溪蛮”，是现今湘西土家族的族源。

楚人则包括楚国的王族和贵族、楚王派遣到地方的行政官员，以及南征的士兵、部分移民和商人及其家属，包括部分被楚灭国和同化后强制南迁的北国居民。楚国大致是在西周末东周初开始将势力深入湖南，并将湖南的大部分地区纳入版图。

秦朝统一六国之后，战国诸侯疆域的藩篱打破，中国内部人口流动加速，湖南迎来首次人口大变迁。

湖南原住民经历来自中原地区的第一次“人口杂交”，发生在两汉、三国至两晋时期。

中原居民南下迁徙的原因，乃北方战乱频仍，民人不堪其扰，大量南迁避祸。到东晋后期，竟然形成“衣冠南渡”移民大潮，蔚然壮观。我们熟知的诗人陶渊明，其祖父陶侃便是因战争而南迁。陶渊明后人中的一支迁到湖南安化，成为清朝两江总督陶澍的先祖。

湖南第二次“人口杂交”，发生在南北朝至隋朝时期。由于战乱连年不断，加之自然灾害频发，造成人口大量死亡。被无休止兵役、繁重徭役逼迫求生的居民，也纷纷逃离家园，湖南人口数量急骤减少。到609年（隋朝大业五年），湖南人口仅存28万余人，已不到东汉时期的十分之一。

湖南第三次移民大潮，发生在唐、两宋及元朝时期。大唐之际，中国再次进入盛世，社会趋于稳定，经济持续发展，户口随之上升。到大唐天宝年间，湖南人口终于增加到一百万。

宋朝时，湖南迎来史上第一次人口大繁盛。增丁的根本原因，在于南宋将首都迁到杭州，整个中国的经济中心随之南移，南方诸省得到了大力开发。

在这种情势之下，1072 年（宋神宗熙宁五年），朝廷派蔡煜、章惇对湘中梅山地区进行开发，新置新化、安化两县，史称“开梅山”。其后，怀化等地被国家军队征服，纳入朝廷管辖。

南宋时期，著名将领、辞章大家辛弃疾出任潭州知州兼湖南安抚使，于长沙建立练兵基地，创建了一支当时最精锐的地方部队“飞虎军”，其营垒故地就设在今天长沙的“营盘街”。六百年后，这里又成为清朝左宗棠做湖南巡抚幕僚期间安家的所在地。清朝的长沙人为纪念辛弃疾镇守乡土之功，将此地取名司马桥。

经过宋、元两朝的持续繁衍生息，湖南人口到元朝时期达到 570 余万人。

元末明初之时，湖南人口骤然“断崖式”跌落。到朱元璋建国之时，湖南人口已不足两百万，下降幅度达百分之七十。据说，朱元璋跟陈友谅争夺天下，湖南支持陈友谅政权，朱元璋打败陈友谅，立即执行“血洗湖南”政策。单是湘潭一地，五万人锐减为五户人家。

为了填补湖南千里无人烟的人口空缺，朱元璋在明初推行“江西填湖广”。

“江西填湖广”移民的详细数据，见于罗宏教授《湖湘世家》一书的统计：

根据《简明中国移民史》提供的研究数据，明初移民有遣送、军屯、商屯、民屯等多种方式，长江流域的移民规模 700 万人，华北地区移民规模 490 万人，西北、东北和西南边疆也有 150 万人，合计 1340 万人，约占当时全国总人口百分之二十。有学者认为元代湖南的户口统计有许多遗漏，进行了更精密的估算，得出元末湖南人口达到 1000 万，而明洪武二十四年（1391）间的湖南人口约为 184 万人的结论。这意味着，战乱天灾导致明初湖南人口锐减了近百分之八十二，如果考虑到此时江西填湖南的移民增量，元末明初湖南人口锐减了百分之八十五当不为夸张。史料显示，明代移民湖湘的家族达 3010 支，为历史上迁入湖南移民家族的一半以上，尤以明初为移民高峰期，达 1518 支，其中江西移民达 1202 支，约占百分之八十。《湖南通史》认定："在明代的湖南居民中，土著已是少数，而外来的，特别是江西移民成为主要组成部分。"

"江西填湖广"对人口的迅速恢复效果是显见的。明朝后期，湖南人口出现"报复性"增长，从明初的十室九空迅速恢复到 191 万余人。

两千余年增减反复，朝代关节点的数据，已有学者统计出来：湖南人口在东汉末年达 280 余万人，其后因战乱、灾荒持续减少，到隋朝时仅有 28 万余人，到唐朝突破 100 万人；人口首次突破 1000 万人发生在 1290 年（元代至元二十七年）；到 1842 年（清道光二十二年），湖南人口突破 2000 万人；到 1928 年（民国十七年），湖南人口突破 3000 万人。到新中国成立前夕，湖南人口为 2555 万余人，今天已经高达 6900 余万人。

土地有人才有烟火气。如湖南民间俗语："有人才有世界。"在土地能够承载养育的范围内，确实是"人多力量大"。

湖南自唐宋纳入儒家主流文化圈后，孟子"不孝有三，无后为大"的观念，主观上也给湖南人口快速增长带来强劲动力。

这是一个十分重要的因素。湖南在近代骤然崛起，跟两千年来湖南人口逐代积累而终于达到应有的规模跟数量，存在着充分必要的关系。人口数量虽然不能代表人才质量，但人才质量需要足够的数量做底衬，这是科学。不能达到必要的数量规模，不说十步之内不一定有芳草，便是百步之内，也不见得有贤才。

湖南人口繁衍生息，增丁殊为不易。因为湖南土地杂花生树，百草丰茂，无论对刀耕火种的原始居民，还是对牛耕犁种的古代居民，要将参天古木砍倒，将一地蔓过人头的荆棘清除，在荒无人烟之处筑土为屋，伐木作房，安顿妻儿老小，再开发出一垄一垄适合人类生存的新土地种养、养家，需要亲邻帮衬，需要一代一代劳动力不懈地付出。毕竟农耕文明时代没有机械可资借力，这些都需要完全借助人力，凭手工去完成。

可以说，代代湖南祖辈是代代湖南子孙的劳动力、铺路石。当人口资源跟物资的储备达到一定的程度，湖南的发展便开始呈现一种加速度，足够增量的居民，开始勇敢地向丘陵索取经济。

数千余年接力开发丘陵，准备好了湖南经济

今天到湖南腹地行走，不但能见到高楼林立，高速公路四通八达，高铁纵深四边，而且多达七八个大大小小的机场，让湖南任何一个角落与世界的联通都打通障碍。这种发达程度，对于前三十年并由此上溯到三千年来世世代代生活在这片土地上的人们，肯定完全超出了想象。

湖南土地不同于北方平原，这里多见高山绵延而成的丘陵，恰恰是这种丘陵，成了世代居民的家园。在交通多靠步行、骑马、行船的古代，丘陵虽然不高，仍像山一样阻隔交通，开发远比耕种冲积平原艰难得多。

处江汉平原向云贵高原的过渡地带，湖南地貌类型最为繁复，有山区、丘陵、平原、湖泊、河川。亚热带的地理与高山封闭带来的温差，让湖

南的气候特征也与外省大为不同，这里四季分明，夏天极热而冬季湿冷。对生产手段落后的旧世居民，寒湿的地气，极冷与极热天气，无疑构成严重的生存挑战。

比较巴西，一目了然。有人说，“如果真有上帝，他一定是巴西人”。因为巴西热带气候最为宜居，自然物产也最为丰富，果子俯拾皆是，那里冬季不用御寒，春季无须储粮，所以巴西人不能理解“饥寒交迫”的含义。在古代生产落后、交通闭塞的湖南，情形则正好相反：这里非寒即热，无储则饿，“饥寒交迫”从来不是名词，而是日常生活。

由此不难想见，原住民跟移民共同开发湖南的历史，真正是一部与自然做斗争的“血汗史”。他们一代一代总结生存经验，传告子孙，以确保香火不绝，子孙绵延。

虽然湖南气候、地理环境对扎根开发的居民构成生存挑战，但这里的自然人居条件其实也还不错，山清水秀、江清月近，相比甘肃黄沙远塞，算得上是相对理想的开发沃土。

因为亚热带气候跟充沛的雨量，湖南土地非常适合各类物种生长，物产丰富多样，湖湘子民随物赋形，建构了农耕、渔猎多样的生产方式和生活方式。

这些生存方式大致可以归纳为三类：

一、滨湖（洞庭湖）平原地区典型的稻作农耕兼及渔业的生存类型；

二、以湘江流域为中心兼及资江、沅江、澧水流域中下游部分地带的丘陵、盆地相间地区的稻作农耕与渔猎混杂的生存类型；

三、湘东、湘南、湘西山区以旱土农作兼及狩猎的生存类型。

生存类型的多样，带来文化的丰富。因丘陵居多，农耕仍是主体生存类型。而农耕垦荒需要代代积累，过程便显得尤其缓慢。这就不难理解，为什么湖南如今号称“鱼米之乡”，但真正出现“湖广熟，天下足”的盛况，是迟至清朝才有的事。

“鱼米之乡”湖南，主要也是指洞庭湖区的滨湖平原一带；至于湖南其他地区，多数依然还要依靠艰辛的梯田农耕。祖辈面朝黄土，在瘠薄的山地或少量的水田中获取仅仅能够糊口，或者连糊口也很难满足的农作物。为了养活逐年增添的人丁，开垦在中原地区难以想象的“巴掌土”“斗笠丘”，比比皆是。

例证是，清朝道光年间（1821—1850），左宗棠乡居湘阴柳庄，曾专门研究农学，发明了一种名曰“区田法”的耕作方法。“区田法”的实质，是根据湖南丘陵起伏的地理特征，开发小块不易蓄水的梯田，以供妇孺、孩童等非劳动力人员在其间种豆，做青黄不接之时的家庭口粮。左宗棠家乡所在的湘阴，属于滨湖平原的丘陵。“鱼米之乡”的湘阴谋生尚且如此，遑论湖南更广泛的山区丘陵村落了。

就整体而言，在农耕实现现代化之前，湖南适宜耕作的土地不是太多，雨少即旱，雨多即涝，对自然的依赖性也很强，故而直到唐朝，这里还被视作难以开发的“蛮荒之地”。

缺点尽管如此明显，开发丘陵比平原耕种还是具备平原地带难以比拟的优势，开发成熟的土地，不会因水患灾害，让累积的田地规模一次性前功尽弃。湖南的水田、梯田，尽管开发艰难，但可以代代继承，子孙可以站在祖先的肩上接力。这是湖南经济水平逐代见高的主要原因。

当湖南居民因地制宜对以丘陵为主的耕地进行长达数千年的开发，本土便逐渐积累了日臻完善的农耕技术。湖南永州道县发现了中国最为悠久的稻作（有八千年历史），袁隆平又在湖南发明了杂交水稻，前后存在历史的因果关联。

依靠耕作丘陵起步，在解决温饱之后，湖南这片土地上开始出现自然经济条件下的简单商业形态。除了本书开篇说到的洪江古商城，历史上还曾有过“金湘潭”“银益阳”一说，这是自然经济富足到一定程度后的商品化产物，是代代开发丘陵积累成效的见证。

以“金湘潭”为例：明清时期，湘潭大埠桥到窑湾的商业贸易最为繁盛，从湘潭一桥到望衡亭，这里曾是湘潭出名的米市，韶山冲农民毛顺生在毛泽东少年时代曾安排他来过这里当学徒。今天能见到的宽裕粮行旧址，是少年毛泽东当米店学徒的见习地。据说，“身无分文，心忧天下”的少年毛泽东不情愿遵从父命学习经商，曾在这里写过一首诗来抒发郁闷之情：“砂水对沙洲，源源不断流。人住人脚下，何日待出头？”

到明清之际，随着湖南耕地开发日多，农耕技术渐趋成熟，土地物产收入已经可观，物资交易变得更加频繁。湖南文史学者陈先枢在一篇研究作品中提到，湖南各县土特产和手工业品的贸易在明朝开始走向繁荣，如茶叶、棉布、葛布、苎麻、土绢、蓝靛、白蜡、桐油、楠竹、麻油、茶油、纸、蜜通过水路运输销往全国。长沙作为湖南省会，成为名副其实的商埠。明崇祯年间的《长沙府志·风俗卷》曾做出这样的概括：“民物丰盈，百货鳞集，商贾并联，亦繁盛矣。”

人口繁盛、经济富足之后干什么？孔子曾谈育民之策，先“富之”，再“教之”。当经济富足到足以养人，最急迫也最重要的事情，是让子弟接受文化教育。

湖南日后崛起最重要的凭借，正在依托人丁增加跟经济发展之后的文化扎实积累之功，教育日益普及之效。

两千年无间断的文教积淀，准备好了湖湘文化

什么是文化？学者定义不下五百种，但至今仍没有一种能为人广泛接受。

在笔者看来，文化就是人类生存与发展的方式，以及发展过程中沉淀而成的相对稳定的精神价值。

因为文化是一种方式，所以它在世俗生活中表现为一种民风、民俗；因为文化是一种精神价值，所以它又可以归纳提升为一种比较固定的学术理性。

今天人们所说的湖湘文化，其特质一般概括为五点："心忧天下、敢为人先、实事求是、经世致用、兼收并蓄。"前两点更接近民风、民俗，后三点则倾向于一种学术理性。

湖湘文化的源头在哪里？这是一个在湖南内部始终存在巨大争议的话题。在笔者看来，只要能够撇开狭隘的地域偏见，放进全国的视野中看，湖湘文化至少存在四个源头：

一、以蚩尤为代表的梅山文化。其基本特征是，野性、自然、自由、霸蛮。

二、以屈原为代表的荆楚文化。其主要特质是，悲情、忠贞、浪漫、高远。

三、以周敦颐为代表的湖湘理学。其内涵要旨是，至诚、主静。

四、以胡安国、胡宏父子为代表的湖湘学派。其核心价值是，实事求是、

经世致用。

梅山文化跟荆楚文化在湖南土地上的影响，主要表现为一种民风、民俗，它蕴含在民间百姓日常的言行之中；湖湘理学跟湖湘学派，则侧重以学术理性的形式，对湖南精英在思维方式及价值追求上予以规范、提升。

宋朝之前，梅山文化、荆楚文化影响下生活的湖南人，如庄子笔下的描述，“上如标枝，民如野鹿”。他们含哺鼓腹，悠游自然，过着一种比较纯粹的自由道家生活，不知有汉，无论魏晋。

待周敦颐在北宋创立理学，胡安国、胡宏父子在南宋开创湖湘学派，其时中国正处在中原文化持续南下，文化重心南移的时代大背景里，湖南一经接受中原文化，便迅速蜕去曾经一身的道家仙气，脱胎换骨成以儒学文化为正统的地区，学者称之“潇湘洙泗”“荆蛮邹鲁”。岳麓书院讲堂所悬挂的“道南正脉”匾额，宣扬的正是湖湘文化所代表的儒学正统地位。清朝时岳麓书院有一副门联，更是明确将理学看作孔孟儒学的继承与发展：“地接衡湘，大泽深山龙虎气；学宗邹鲁，礼门义路圣贤心。”

周敦颐处在儒、佛、道三家学问经历长达数百年的交锋、碰撞之后开始出现合流的时势之下。佛学主张众生平等，不生子嗣，不事生计，民众信奉者日多。帝国子民离儒而信佛、道，导致孔孟之道捉襟见肘，时代思想亟待创新。

周敦颐辞官归隐后，在道州月岩山下悟道。经过一番冥神默运，他从道家得到启发，悟得“无极”真义、写成《太极图说》，提出“主静、至诚、无欲、顺化”等重要价值观念。

《宋元公案》对于周敦颐此时创立理学的意义曾给予高度评价：

“孔孟而后，汉儒止有传经之学，性道微言之绝久矣。元公崛起，二程嗣之，又复横渠清大儒辈出，圣学大昌。”

周敦颐身后，朱熹集其大成。经过理学诸派弟子研发阐释，理学逐渐代替孔孟儒学，成为宋朝的主流意识形态。

“湖湘学派”得以创立，则得益于另两位十分关键的人物：

先是1131年（南宋绍兴元年），福建崇安人胡安国慕周敦颐之学，携全家从湖北荆门迁到湖南衡山，隐居于紫云山下。他在衡山脚下做了一件对湖南后世影响极为深远的大事：建立碧泉书院，公开讲课授徒。当时受业的弟子，除胡氏子侄如胡寅、胡宏、胡宁、胡宪、胡实外，还培养了一大批外姓湖南学子，如谭知礼、黎明、杨训、彪虎臣、乐洪其人。其时，外省不少学子也慕名来到衡山，拜胡安国为师。碧泉书院学徒日增，影响随之扩大，开始成为宋代湖南教育和湖湘文化的中心。胡安国由此奠定“湖湘学派”的基础。

继之1141年（南宋绍兴十一年），八岁的四川绵竹人张栻第一次来到湖南长沙，一住五年；绍兴二十年，张栻再次到湖南永州随侍父亲；十年后，他再到长沙，遵从父命专程到衡阳师从胡宏。此后，他寓居长沙城南妙高峰，创立城南书院，讲课授徒。1166年（南宋乾道二年），湖南安抚使刘珙推荐张栻主讲岳麓书院，前后长达七年。

岳麓书院日后培养出来的文化大家之多自不待言，城南书院则是左宗棠的母校，也是后来湖南第一师范学校的前身，左宗棠、黄兴、毛泽东皆曾就读。张栻由此成了“湖湘学派”承前启后十分关键的人物。湖湘学派经他之手逐渐定型。

但精英学者一般只是承担纯粹学术研究的任务，而文化的基本使命是传播与影响人。教化民众是其基本功能，化民成俗是其基本目标。

湖南传播文化与以文教化民众的平台，主要分三类：一是官学，二是官助民办的书院，三是私学。

据《湖湘文化通论》一书考证：隋唐时期，湖湘教育已经比较广泛地发展起来，官办学校增多，地方上实行州县乡里的行政制度，并普遍设置了统归地方行政长官管理的州县学校。

据嘉庆本《湖南通志·学宫》记载，唐代湖南官学主要有衡山县学、永州府学、道州学、江华县学、宁远县学、宋阳县学。唐朝湖南主要的书院有：光石山书院、杜陵书院、南岳书院、李宽中秀才书院、韦宙书院、卢藩书院、天宁书院。

湖南官学发展到宋朝开始成型。自仁宗庆历年间开始，朝廷进行了三次兴学运动，地方学校教育得到长足发展。1099 年（元符二年），朝廷将王安石提倡的“三舍法”推行到各地（所谓“三舍法”，即将太学分为外舍、内舍、上舍三等，学生通过考试逐舍上升，上舍生学行兼优者即可授官）。

为了激励学生积极上进，湖南确定以“潭州三学”教育体制来推行“三舍法”：州学生月试积分高，可升入长沙湘西书院；湘西书院生积分高，可升入长沙岳麓书院。

因为官学的大力倡导与强劲带动，湖南的书院教育在宋朝时也达到一个高峰。中国四大书院，湖南当时拥有全国著名的两所：岳麓书院、石鼓书院。长沙岳麓书院创办于 976 年，是湖南最早授徒的书院；衡阳石鼓书院于997年由衡州李宽中读书故址改建而成。两宋湖南共办书院近六十所，数量仅次于江西、浙江，且结构合理，分布在全省近三十个县内。

湖南的私学，则到清朝才发展成相当程度跟规模的普及。清朝湖南民办教育有“民办义学”和“普通私塾”之分，私塾也有家塾、村馆、门馆之别。

“民办义学”一般由乡绅、宗族世家通过捐田、捐银、捐房、集资等方式设立，经费除依赖捐赠之外，常规费用一般由政府列项开支，此外还置有数量多少不等的学田。“普通私塾”则一般由乡下秀才与丁忧、罢黜在乡的官吏开设，费用基本由聘请的家庭自行承担。

清代湖南私学发达，表现在新建的府、州、厅、县地区兴建书院最多。有清一朝，经过两百余年的精心培育，湖南私学最终遍布湖南各县，且教育质量普遍较高。

到清朝晚期，湖南出现办私学高潮。如胡林翼办箴言书院，彭玉麟重修石鼓书院，刘典建云山书院，左宗棠建湘阴左氏家族试馆，并在新疆建四百余家书院。因湘军诸多将领纷纷自筹钱回家乡办学，湖南私学遍地开花，一度出现生源短缺现象。为了栽培更多的人才，清朝私塾、试馆开始尝试突破家庭、宗族的狭隘范围，向社会化教育转变，其后逐渐与官学相结合，为社会中下层人士接受教育，让更多平民阶层子弟出人头地，铺垫好台阶。

学校是人才的摇篮。宝庆府少年蔡锷出生在晚清，如他一类出身平民家庭的精英学子，亦能够得到长沙时务学堂的赏识，打破门第束缚脱颖而出，正得益于此时私学的普及。

人口、经济、文化三大要素齐备之后，湖南崛起只待人才积聚。

两千余年蓄养的“丘陵人格”，准备好了湖南人才

今天去到湖南我们是否想过，岳麓书院悬挂的“惟楚有材”联语，多年仅限于励志座右铭作用？

湖南因三面环山的环境障碍，加之北面洞庭湖的地理阻隔，跟中原在千余年内少有交通，因此从周朝到清代之前，进入中国史册的历史人物并不多见。

清朝经学家皮锡瑞对自唐至清的湖南人才概况有过一番客观的总结：

> “湖南人物，罕见史传，三国时如蒋琬者，只一二人。唐开科三百年，长沙刘蜕始举进士，时谓之‘破天荒’。至元欧阳原功（玄）、明刘三吾、刘大夏、李东阳、杨嗣昌诸人，骎骎始盛。”

比较全国，千年湖南的横向水平又是怎样一番状况？陶用舒在《古代湖南人才研究》一书中引用丁文江关于列传人物的省籍进行了一番统计，结果同样令人深感意外：汉唐两代共有列传人物 1935 人，湖南仅 4 人，占全国的百分之零点二；宋代有列传人物 2065 人，湖南有 24 人，占全国的百分之一点一六。

是什么原因造成“惟楚有材”反倒成了“楚材稀缺”？说出来也令

人感到惊讶，封闭地理是困厄人才的罪魁。今人四处传唱“八百里洞庭美如画”，民国之前的湖南读书人才可能没有这份闲情逸致。洞庭湖对湖南人才求取功名的困阻到底大到何等程度？陈鹏年有过一番切身的议论：

> “洞庭之水，自夏至秋，盖巨浸汪洋，绵亘数百里，狂风恶浪发作不常，当大比之年，贫寒士子，或十数人，或数人敛费僦舟，冲涛而往，一舟覆溺，则所损者多人，一番沦波，则各郡县引以为戒。于是湖南士子畏怯不前，有终身未见场屋者。动曰湖南人少，是因洞庭之险而少。”（《恳请再题分闱呈》奏折）

近代著名学者杨昌济对此也有过相似感触：“科举时代，南北合闱，湖南士子，惮泛重湖赴试者少，获隽亦难。”

湖南士子之所以要舟过洞庭湖，因为在1723年（雍正元年）之前，湖北、湖南同属湖广行省，湖南士子参加举人考试必须去到武昌城（今武汉）。八百里洞庭烟波浩渺，风急浪高猿啸哀，行船翻船家常便饭。王船山当年参加武昌乡试就曾在洞庭湖翻船落水，如果不是他会水，差点葬送性命。湖南士子有望湖知退者，有葬身鱼腹者，有侥幸得中又全身而返者，中榜者竟不及湖北的二分之一。

对于那些壮胆冒险侥幸漂过洞庭湖又高中皇榜的士子，千余年内的考试成绩排名怎样？统计数据同样令人意外，湖南读书人总体在全国没有占据任何优势。

湖南历史上的第一个进士是欧阳稚，高中时间在730年（唐朝开元十八年）。三百年唐朝，湖南进士中唯一位至宰相的高官是湖南宁远人刘瞻，他一生曾两度为相，时间均短，也没有留下多少显耀的政绩，仅有官品、人品在朝野广为传播，予后世留下一些声誉。

唐代湖南共有二十五名进士，名字可以在这里全部列出来。依次为欧阳稚、周崇昌、何坚、罗玠、卿侃、陈谏、周瑀、孟琯、刘景、周惟简、李郃、吴汝纳、周鲁孺、刘蜕、拔野古、周彦朴、厉图南、刘瞻、胡曾、陈光问、曹松、邓进忠、周虞宾、于邺、李群玉。占全国比例仅百分之零点八三，称得上是稀少。

两宋长达三百二十年，湖南一共又录取了多少名进士？据清朝光绪时期的《湖南通志》记载，湖南进士为 914 人，占全国进士比例为百分之二点二。这同样令人沮丧。显然，即使有岳麓书院、石鼓书院两座标杆，湖南士子论考试整体依旧处于全国中下水平。

清朝中后期是湖南人才群雄蜂起的高光时代，他们真实的考试水平到底又如何呢？朱保炯、谢沛霖编辑的《明清进士题名碑录索引》，对此有过翔实的统计：有清一代，全国共有进士 26747 人，湖南仅有 714 人，占全国进士总数的百分之二点六七。

如果这份榜单还是让湖南人失望，那么还可以找一份稍好的成绩。按照岳麓书社 2002 年出版的《湖南教育史》数据，清代全国进士总数为 24913 人，湖南进士 764 人，占全国进士总数的百分之三点零七。即便按这份数据，中国其时只有十八个行省，湖南还是没有达到勉强的平均线。

据《湖南通志》统计，清朝二百六十八年里，湖南士子共参加 105 次会试，录取进士 714 名，平均每次会试录取进士六点八名，湖南有十四个地州市，平均两个地州市三年内录取还不到一人，远不及今天每县年均超过一人的北大录取数。

联系后文比照去看，不难得出这样一个基本的结论：一千三百余年的科举考试，湖南士子历年会试成绩高低，跟湖南人才崛起与否，成就大小，基本没有关联。毕竟，就在湖南进士量之少仍罕比钻石的清朝中后期，湖南人才已然蔚然成林了。自 1840 年（道光二十年）往后，以两江总督陶澍着力栽培胡林翼、左宗棠为标志，在北京翰林院做编修的曾国藩，此时开始了十年七迁的传奇经历。“中兴将相，什九湖湘”“一群湖南人，半部近代史”的历史，事实上已经拉开序幕。此后，湖南人才肩任使命与担当，接力开启了中国的近代化。湖南以一省之才引领中国，百余年里始终在主宰天下沉浮。

湖南籍学者郑佳明先生对中国从 1840 年到 1949 年一百零九年间的湖南人物有过宏观上深到的研究，他的结论是，在一百零九年内，中国先后经洋务运动、维新变法、走向共和、新民主主义革命四个大台阶，湖南先后相应涌现出了五大人才群体和五个引领中国的思潮。他们分别是：

一、以陶澍、贺长龄、魏源为代表的经世思潮；

二、以曾国藩、左宗棠、彭玉麟、胡林翼为代表的洋务思潮；

三、以谭嗣同、唐才常为代表的维新思潮；

四、以黄兴、蔡锷、宋教仁为代表的共和思潮；

五、以毛泽东为代表的共产主义思潮。

每一次思潮一经涌起，背后都激荡出成百上千计的湖南籍能人志士。以洋务思潮为例：湘军将帅中升至总督者有曾国藩、曾国荃、杨昌濬、刘岳昭、左宗棠、杨岳斌、彭玉麟、刘长佑、刘坤一、李兴锐、魏光焘共 11 人；升至巡抚者有胡林翼、郭嵩焘、江忠源、江忠义、刘蓉、刘锦棠、蒋益澧、李续宾、李续宜、刘典、田兴恕、陈士杰、唐训方共13人，升至正一品提督、正二品总兵、从二品布政使、正三品按察使者多达143人，其余道员、知府则数以千计。

有学者曾做精确统计：从1840年到1919年，活跃在中国历史舞台的各领域精英人物共1238人，湖南籍有116人，占百分之九点四；超重量级名单中761人，湖南籍有83人，占到百分之十点九。

共产主义思潮涌起之后，湖南人才如云如雨，星罗棋布，在全国更是占据无可争辩的主导地位：1943年延安五大书记有3位湖南人；1945年中共七大召开之时，中央委员百分之四十是湖南人；1956年中共八大之时，来自湖南的中央委员占到百分之三十五。新中国成立后，十大元帅有3位是湖南人，十员大将中湖南占去6位；湖南籍上将多达百分之五十以上，中将、少将更是难计其数。另据《中共党史人物》简介，湖南籍杰出领导人和创党元老有13人，比例占到百分之四十八。

一方面是会试在千余年内从来缺乏骄人成绩，另一方面是百余年中经国济世之才龙腾虎跃，其间的巨大反差，颇令一些人感到费解。

笔者在长年研究之后发现，湖南人才之所以在晚清能够骤然崛起于陇亩之间，历五六代拾级而上长盛不衰，乘晚清时势而崛起只是其中无足轻重的外因。也就是说，即使没有曾左第一代湘军的崛起，在三千年未有之变局的历史大转折里，他们身后的湖南人也会以另一幕姿态开场，换一种形式，以另一批人登上历史舞台。

湖南必然会有一次大崛起，最关键在于湖南人才具备的内因。内因关键有四点：一赖千年厚重的湖湘文教，二靠霸蛮、担当的湖南精神，三有独立特质的“丘陵人格”，四是世代不衰的“耕读传家”传统。

关于湖湘文教的千年积淀，本文前面已经作过翔实讲述；关于湖南精神，本书开头在《站在民间看“湖南精神”》一文中也做了详细分析。这里我们专门来讲述“丘陵人格”跟“耕读传家”对湖南崛起所曾起到的重要作用。

“丘陵人格”，顾名思义，指丘陵人的品格。

丘陵不是高山。高山必有深林，人居住其中，类似道观、寺庙，必与世隔绝，远离尘俗。丘陵也不是平原。平原土地大块耕种，民人聚族而居，整出好大一个家。

丘陵是山林间起伏舒缓的小土包。居民生活其中，邻里之间既能“鸡犬之声相闻”，又因丘陵地理对生存空间自然而然的“有限分割”，而保持相对完整的独立性。

行走腹地你会发现，湖南的古民居院落，在丘陵之中大多是独门独户。即使偶有群聚的村落，多数也因丘陵的起伏而能让居所保持空间的相对独立性。这跟北方居民聚族而居绵延数里的大村落大异其趣，也跟从北方迁徙到福建、广东一带的客家人所建造的土楼、筒子楼完全不同。

站在心理学的角度看，人幼年所居住的环境，其地理、风俗、民情特征，会对人格塑造起到根基性的作用，尤其是对于儿童，父母的言传身教，早年在乡土习得的行为，会起到持续终生的影响。

影响中国人人格的文化，不外乎儒、释、道三家。儒家是研究人与人关系的，道家是研究人与天地自然关系的，释家是研究宇宙与个人内心关系的。梁启超曾将中国文化影响以南北为界作划分，称“南老北孔”。这一划分符合事实，湖南在宋代以前是按老子道家方式自由生活的，蚩尤创造的梅山文化，其野性、率真、自由的一面，跟道家天然契合。

当宋朝将湖南全部版图纳入朝廷管制，儒家文化同时强势融入，令湖南人的生活方式产生重大改变。

儒家文化的同化力素来极强，因此多数地方的地域特质很容易在同化过程中丢失。但儒道在湖南交锋、交融的过程中，湖南人野性、率真、自由的一面始终没有丢失，这全要拜丘陵对原住民居所的“有限分割”所赐。因为丘陵最方便独门独户，所以在按照儒家礼仪跪叩之后，湖南人照旧可以在小家庭内独来独往，在个人独立的空间里我行我素，而不用三姑四舅热乎成一团，在群体中日益丧失自我。

孔孟儒家以“三纲五常”为核心价值观，利弊并存。利的一面，它用繁复精微的礼仪规矩，对人的言行举止进行了严格的规范，引导人们追求“文质彬彬，然后君子”的君子人格，这对规范日常人际关系的冲突，提升社会整体道德水平，无疑有着暗夜灯塔般的作用。但弊端的一面同样也不容忽视，它对人、对己道德要求过高，几乎没有多少人可能达到，同时儒家礼仪规矩过多，带来大量的繁文缛节，不可避免地让人在习惯按部就班的规定礼仪后逐渐变得虚伪、圆滑、世故、麻木。

中国有句老话：“礼多人不怪。”但历史事实告诉我们，礼多人会憋坏，最后弄得“礼失求诸野”。

一般地说，儒家伦理最适合应用的地方，在大村落聚族并居之地。因为人数越多，人际关系越复杂，它必然会成为每个人最耗神费时的事情，这点今天看电视剧《红楼梦》依然可知。在层级分明、规矩严格的儒家伦理中，一个从小爱听话、守规矩的乖孩子，一般都会长成一个好的成年人，但他的创新精神跟创造力也往往在成长过程中消失了。人一旦完全习惯了规矩跟服从，他天性中率真、野性、自由的心性，成年后便很难再找回来。

中国哲学讲求“天人合一，阴阳平衡”。阴阳平衡的最佳状态，是和谐：人与人关系和谐；人与自然相处和谐；人自我相处时身心和谐。纯粹的儒家，很难做到让人身心和谐。否则佛、道也不可能在宋朝直接威胁到儒学的生存。

在《万历十五年》中，学者黄仁宇将官员的“理想”跟“欲望”分作阴阳两面，其实不同的文化放到一起，同样也存在阴阳两面。站在辩证法的角度看，儒家刚健的伦理道德跟严谨的礼仪规矩，塑造的是每个人的人格阳面；野性、率真、自由的道家文化，隐藏在每个人的人格阴面。

儒家正统刚健有为，讲求阳面而无视阴面，逐渐导致儒家士子人格“阴阳失衡”，他们到中年后不得不醉心佛、道，去寻找皈依与寄托。

丘陵民居的生存环境、道家生活的文化影响、梅山文化的自发浸染，让湖南地域人格从周朝到唐朝主体面始终处在哲学意义上的文化阴面。他们的率真、野性、自由，在湖南丘陵地理中，几乎是与生俱来。可作印证的是，春秋五霸中，楚庄王虽然称王，但楚国的军力不强。毕竟，散居在山地丘陵中的居民，以部落方式群聚，不服管束，自生自灭，从来没有也从无可能被真正大规模组织起来。

儒家文化自宋朝强力影响进湖南后，湖南人迅速接受了它。因为其时湖南地域人格阴面过盛，严重缺乏儒家文化的阳面，导致阴气盛而阳气弱，儒家这一面能够弥补他们野性、率真、自由的阴面的不足。

这就不难理解，为什么周敦颐用本土道家的眼光观察孔孟儒学，一眼便看出其中的得失根本——文化视角完全不同的缘故。隐居道州山野的周敦颐，运用禅宗的原理，将儒学一番“道家化”创新之后发明的理学，此后一千余年便成了儒学正统，到曾国藩发起洋务运动时依然奉为经典。罗泽南更是毕生身体力行理学，对自己严格到一言一行皆有规范的地步。

湖南人站在道家阴面接受儒家阳面，因为天然存在文化互补，所以无须外力胁迫，完全自觉自愿。因为起心动念完全发于内心，所以儒家文化可以被奉为信仰。所以我们可以看到，到清朝之时，湖南士子对儒学的虔诚尊奉几乎达到绝对敬畏的“迷信”程度。他们不但将“忠孝廉节”四字刻在心头，而且要践行到日常生活中。事实为例，曾国藩每天以日记闭门自省；率性如左宗棠，正式场合也从来没有逾越礼仪规矩半步；江忠源对朝廷的绝对忠诚，在晚清乱世更是令国人侧目。

正是湖南人这种站在道家阴面去追求儒家阳面，又能在丘陵的独立居所中保持阴面不被阳面侵蚀而达成一种平衡状态的特质，令湖南人才的文化心理结构暗合了“天人合一”的境界。湖南人研习传统又不被传统所困囿，他们可以在浩然独往、无复依傍时始终保养着内心的“独立精神、自由意志”。

抗战时期，从江苏来到湖南的钱基博看出了湖南人这种“丘陵人格”与传统文化的根本不同之处，钱先生感时伤世，感叹民国人心不古，担当人才严重缺乏，决定借湖南人物以醒世，他专门创作《近百年湖南学风》一书，分析为什么湖南这方土地盛产伟人：

“抑亦风气自创，能别于中原人物以独立。人杰地灵，大迭起，前不见古人，后不见来者，宏识孤怀，涵今茹古，罔不有独立自由之思想，有坚强不磨之志节。湛深古学而能自辟蹊径，不为古学所囿。义以淑群，行必厉己，以开一代之风气。”

“宏识孤怀，涵今茹古”，是钱基博研究之后总结得出的湖南人的格局与气象，这种格局与气象，他认为来自“独立自由之思想”“坚强不磨之志节”。

丘陵人格的特质，正在于这种可贵的“独立精神、自由意志”。一旦内心蓄养这种精神，并能将意志伸张于外，其人必然元气淋漓，具备令人感奋的“士气”。

什么是湖南人的“士气”呢？长沙籍学者易中天先生在2005年出版的《帝国的惆怅》一书中，有过一段见地颇深的论述，可以给到读者完满的回答：

> 所谓“士气”，就是“士人之气”，也就是“书生意气”。这是自曾（曾参）、孟（孟轲）以来充盈于天地之间的“浩然正气”，也是自曾（曾国藩）、左（左宗棠）、蔡（蔡松坡）、黄（黄克强）以来回荡于三湘大地的“霸蛮之气”。毛泽东说：“呜呼湖南，鬻熊开国，稍启其封。曾、左，吾之先民；蔡、黄，邦之模范。”可见其心仪。事实上，当毛泽东写下“指点江山，激扬文字，粪土当年万户侯”的诗句时，他的心中是充满这种“士气”的。毕竟，只有“恰同学少年，风华正茂”，才可能“书生意气，挥斥方遒”。同样，“士气”也只可能存在于“万山红遍，层林尽染；漫江碧透，百舸争流”这样没有污染的土地，在灯红酒绿，觥筹交错，“暖风熏得游人醉”“隔江犹唱后庭花”的地方，是没有的。

但必须说，“士气”只是一种精神气，如果它不能提升为文化，便只是一时一地的民风、现象。两千多年来，湖南人在耕种丘陵时逐渐形成的“耕读传家”的传统，刚好能确保这种人格精神薪火相传。当精神传递沉淀为一种文化人格，丘陵人的文化人格中便代代充盈着生生不灭的“士气”，它最终成为湖南人在世界六大文化血型中最醒目的特质。

在家国天下的时代，家是社会的最小单位。

古人讲求修身、齐家，齐的是“大夫之家”。

家是以血缘为纽带而联结成的小群体，跟今天我们说的家庭，已经完全不是同一个概念。

家族最重要的一项任务，是传承，传承血脉基因，传承遗产，传承文化。因为个人都会一代而终，而家族绵延可以千秋万代，所以，定位家族始终是历代祖宗最费心力的事情。

湖南人的家族定位一般有三种：一、孝友传家；二、诗书传家；三、耕读传家。

孝友传家，即以“孝顺父母，友爱兄弟”的规训来传承家族。这种定位主要见于普通平民之家，因为家人文化水平偏低，只有用《论语》的圣人言论来规范家人的言行，才能确保家人团结，内部关系和谐。

诗书传家，即以学习文化经典、提升个人道德来传承家族。这种定位常见于乡间读书人家庭。因为家庭成员衣食无忧，所以学习文化，研究与传承文化，成了家人的本职工作。他们以教授文化来提升社会道德，通过脑力付出来谋生。

耕读传家则与前二者不同，它既要求子孙亲自耕田、种地，又要读书求知；一般是农忙时种田，农闲时读书。因为耕田可以事稼穑，丰五谷，养家糊口，安身立命；读书可以知诗书，达礼义，修身养性，提高品格。也就是说，耕读传家既学做人，又学谋生。

比较而言，孝友传家最为稳定。无论乱世还是治世，家人的目标是做平头百姓，虽然没有什么成绩可言，但也没有多少灾祸。诗书传家则要脆弱得多，因为诗书本身不能谋生，家族成员空闲较多，容易滋生非分欲望，祖辈积累一经挥霍，便沦落为底层，又不懂得农民的谋生手段，堕入孟子“君子之泽，五世而斩”的谶语。

相比之下，耕读传家在三者中最为可取。因为退可耕田，进可读书为官，进退皆有根据。依靠耕种可以自养，则不需仰面求人；读书有成可以求得功名，人生有目标跟动力。

自唐朝以来，湖南不乏孝友传家、诗书传家，但耕读传家始终是主流。而正是耕读传家这一群体，为湖南人才的崛起，积蓄了足够的人才。

湘军两大统帅曾国藩、左宗棠，在耕读传家上具有一定的代表性。

曾国藩祖籍衡阳，迁居湘乡。祖父星冈公本是一个不事生计的浪荡子弟，喜欢赌博、睡懒觉。三十五岁那年，邻居预言曾家必败，曾星冈幡然醒悟，浪子回头。他开山垦荒、喂鱼养猪，成为当地富户。其子曾麟书发奋读书，四十三岁考取秀才。到第三代曾国藩，二十七岁便高中进士。这是比较典型的“第一代积累财富，第二代积累气质，第三代晋级贵族”。

左宗棠家境起点稍好于曾国藩，他的祖上曾出过七代秀才，是湖南比较常见的乡下知识分子家庭。祖辈虽曾有为官、教书，但几乎代代坚持耕种。到父亲左观澜一代，逢嘉庆衰世，因官场腐败公行，加之湖南自然灾害频发，社会经济严重衰退，左观澜只剩十五亩田地。左宗棠在乡下教书十余年，又买下七十亩田地、庄园，四十岁前，他一直居乡下，自号“湘上农人”，不但下地种田，还开辟了一处茶园，亲自栽种。

耕读传家意义深远，他对湖南人无论在身体锻炼上还是在观念锤炼上，都有着不可替代的作用。

曾国藩主张“不说大话，不务虚名，不行架空之事，不谈过高之理”，左宗棠信奉“纵读数千卷奇书，无实行不为识字；要守六百年家法，有善策还是耕田”；曾国藩用人看重“拙诚”，左宗棠用人看重“朴强”。从中可以看出早年农耕心得的影子。

身体是革命的本钱。近代以来的湖南士人群体，体魄上也都有着明显的农耕烙印。罗泽南生平“上马打仗，下马讲学”。王鑫创办的老湘营，战闲的军事学习教材，是集体朗诵的《论语》，导致他人常误以为军营是书院。谭嗣同、黄兴、宋教仁习练过武功，蔡锷甚至能飞身上马，后世称他们“文武双全”。

作为有行动力的霸蛮士子，百年湖南人才胸藏“独立精神、自由意志”，他们以良知与敬畏之心忠贞于职事，忠诚于家国，不在乎个人身家安危，也不惧怕前路艰难险阻，一生只为历史与使命而来，生平但行内心之所安，然后功成不必在我，功成之后亦不自居。

湖南两千余年的漫长准备，酝酿出近两百年内的群英崛起，当然不是有意与人为，更多是出于地域特质跟历史需要交汇时的一种文化自觉。

孔夫子说：“天何言哉？四时行焉，百物生焉。”天地有它自行运转的规则，历史也有它自身发展的规律。

对个体来说，近两百年已历八九代人，但相对已经过去的两千多年，两百年时间，更像是中国江河中的三峡一弯，四时节令中的盛夏一旬。因为江河还在流转，季节仍在轮回，时间正在继续，历史还将继续，所以，尽管“一万年太久”，但“风物还需放眼量”。

清朝同光交替之际，已告别耕读之家二十多年的左宗棠，权势、声名正如日中天，他看到显赫军功正在吸引越来越多的湖南士子走到这条功名捷径上来，眉间隐藏忧虑。考虑身后百年、湖南千年，当下的显赫军功无非一时，耕读传家才是千秋万代。

左宗棠在湖南人中别具一格的地方，在于他以军功而名冠一朝，但偏偏本人最不看重。孟子有句话，让他一直心存顾忌："善战者服上刑。"作为自唐太宗之后对中国领土主权贡献最大的军事家，他晚年拒绝出版《楚军纪事本末》，主动选择将天才的军事思想湮没于历史的烟尘之中，而潜心于著述诗文流传后世。与之相反，军事能力逊他一筹的曾国藩、胡林翼，身后仍流传系统的军事专著《曾胡兵法》。

左宗棠说："能当大事时同仰，自极清修古与齐。"才干之士因时声名显赫，但不能透支祖辈积累，尤其是，面对永恒的家乡，以诗书立品，定纯朴世风，为子孙后代的繁衍兴盛积累元气，才是每一代湖南人的正事、主业。

在湖南人才崛起即将达到第一个巅峰前夕，左宗棠说出的下面这段话，今天仍值得湖南人反复咀嚼、玩味：

"吾湘二十年以来，内固封守，外从王事，所历多危险阻绝之境。他人咋舌敛手不敢引为己任者，吾湘毅然一身当之。其初何尝有天下后世在其念虑，亦何尝预计所事成否，为寂寞身后之图。会逢天幸，各有所就，战绩昭彰，此乃天下一大转机，吾湘祷祀求之者。岂谓功必自湖南出，名必自湖南出乎？其人先世，率守耕读，不但仕宦稀少。而经商服贾以至外省者亦不数见。老生宿儒，耐寒饿而厌声称，岁得馆谷数十石，即为称意。及兵事起，谨厚者走匿山谷，徐乃觉事尚可为，强起从戎，

> 学骑马，学击刺，今所指为达官贵人，由此其选也。自今以观，高官厚禄，焜耀一时，何莫非先世贫苦困乏，蕴蓄积累所致乎？诸君子为桑梓谋，则凡所以去奢去泰者，莫如保先世纯朴愿悫之风以保世滋大。俾湖以外得长享萧闲无事之福，为幸多矣。”

此时再去回望两千余年的湖南准备与近两百年的湖南崛起，笔者不禁想起唐朝李翱的一首禅诗：“练得身形似鹤形，千株松下两函经。我来问道无余说，云在青天水在瓶。选得幽居惬野情，终年无送亦无迎。有时直上孤峰顶，月下披云啸一声。”

后记

多行走几步，多知道一点

一

这部作品的初稿来自我的成名之作。最早根据 2009 年在天涯发表的热帖修改而成，由“盛大文学·华文天下”在当年经武汉出版社初版。网络版在腾讯、网易、搜狐、凤凰同步连载，读者点击排名前三，读者总量过亿。此书因 BBS 时代网民青涩、纯粹的支持而爆得大名，关于“湖南人怎么了”的话题，一度成为网络流行语。

2013 年，我将四年内行走湖南所记、所感的十余篇新作收录，将初版的主体内容融汇进去，由中国青年出版社做出第二版，首印两万册，再次于全国发行。

2020 年，为了在深度呈现跟宽度拓展上做出一个立体呈现式的完满版本，我再次将原书稿做了大幅度删减，增加了我作为一个湖南人去到澳洲的经历、见闻与比较观察。恰好，2020 年 11 月，我以独立作家身份受《中国国家地理》杂志特邀，驾车行进到从湘中到湘东的内陆腹地，历三千余公里的行程，写成“作家手记”跟“考察笔记”两篇主打稿。如今经过一番精心修改、编排，已经呈现于纸上，它就是此时你手中正拿着的这本新书。

三次增修，不觉十一年时间。我感觉岁月像是已经过去很久，仿佛是 20 世纪的事情。因为初版出来之后，我便将主要精力放到专门去创作左宗棠作品，陆续写成近三百万字的“左宗棠系列”五部，已经出版《左宗棠：家书抵万金》等共三部。

就在这部书稿首版发行时，我另从经济视角写成一部近四百年来湖南十四位历史伟人的评述类专著，次年在百花洲文艺出版社出版。两部作品放到一起，构成“中国人性格地图”的“湖南系列”，跟人物研究“左宗棠系列”五部一点一面，互为启发，并肩同行。

这部作品初版时，我正初为人父。我本能地感觉到自己有更重要的事情要做，便主动从湖南经济网总编辑的岗位上下来。我不再满足于做一个报道当下的职业媒体人，历史跟文化的天然诱惑力，让我最终选择专注于一门。我放弃所有职务、工作，抛开一切日常杂务，专注于做一个独立行走、独立思考的职业作家。

再来修订增写新作时，不知道风格是否已有变化？毕竟，我已从冲动青年走到了“不垢不净”的中年。

二

这部作品初版时，我的行走轨迹主要集中在湖南。此后十余年里，因为作家职业的关系，我去到中国绝大多数的省份，部分行迹走出了国境。

有了上述行走经历，再环比中国各省，对照国外各地，我对湖南的认识，又有了一些新的不同。

此时再将眼光重新放回湖南，我发现，要想将这片东西宽 667 公里、南北长 774 公里的土地完全摸清、看透，几乎是难以完成的任务。不仅仅是 123 个县数量大，湖南地理、历史、经济、文教、科技、民俗……每换角度切入分析，都是一番全新的呈现。

当我们置身于三湘四水，眼前见到的任何一处山川、河流、城墙、宗祠、村落，事实上都有着看不尽的故事、说不完的历史。土地见过历史的源与流，曾经活跃其上的身影，有足以穷尽作家笔墨的无量细节。她让你在意识的流动中追忆似水年华，最终发现难免挂一漏万。

我由此悟到，但凡写作湖南土地的书籍，要么是“一花一叶见三湘”的滴水成像，要么是“一日看尽湖南花”的全景勾像，再或者，两者兼顾一下而已，总不可能是本原细节的全部呈现。

从这个角度说，我创作的这本《了不起的湖南人》，其实也只是站在民俗、文化、历史的角度，采取“滴水成像”“全景勾像”两相兼顾的手法，在有限的篇幅里，将湖南一省作尽可能准确的表现，以给到读者尽可能多的了解。

因为是表现不是呈现，所以本书总归是要不可避免地划归为“个见”。

三

四十年来，因为求学、采访、旅行的经历，或者其他机缘，我陆陆续续、零零碎碎去到过湖南不少地方。至于专门用脚步来丈量湖南土地，以探究与发现为目的深入湖南内陆腹地考察，迄今为止已经有过三次。

第一次在 2007 年。《经济日报》策划“又好又快看湖南”大型专题采访报道，分环洞庭湖与环湘中、湘南两条线，我作为《经济日报》旗下的湖南经济网总编辑，带队环湘中、湘南线，时长一月，深入 7 个地州市的 26 个县进行采访。这让我第一次对湖南各地的风土民情，有了总体轮廓上的了解，以及局部细节的发现。

第二次在 2014 年。湖南卫视《县委大院》纪录片特邀我做总撰稿，由湖南电视台派车自驾出行，走遍茶陵、衡东、蓝山、溆浦、石门五县，前后半月。虽然纪录片最终因合同卡住而没有拍成，但我第一次大量地看到了湖南诸地在明清时期由民间乡贤精心修建的、如今已被当作文物保护起来的古建筑，于吉光片羽的青砖瓦墙之中，我似乎窥探到古代湖南秀才、进士的某些生活片段。

第三次在 2020 年。《中国国家地理》杂志邀约我先去实地考察，再回头来总述湖南地理、历史、人文。我乘坐高铁从长沙出发，后由《中国国家地理》图片总监王彤老师驾车，我们一路从梅山文化发源地新化开始考察，中经怀化市洪江古商城、邵阳四市县、株洲醴陵市，到现代化最速的浏阳市收束，前后十天。此行不但让我见到了诸多旧村落、古祠堂，我也第一次从《中国国家地理》编辑雷东军的视角中得到启发，从丘陵地理的角度加以考察，发现了一个以前我从来没想到过的真实湖南。

从第一次采访报道，到第三次考察研究，前后相隔已十四年。十四年时间，青山依旧碧绿，我却步入中年。年龄不同，所见大约也不相同，毕竟青年好奇，而中年好思。眼见的山川地理，因人力克勤而盈虚消息；曾经熟悉的人事，也在时间的恍影中故去新来。

在工业现代化基本普及的今天，湖南的一切正在迅疾地改变，不只人事，包括亭台、楼宇，山川、地物。唯一不变的，是随太阳一起在宇宙中不停变换空间的地球上，生息繁衍子民已不计代的我们脚下的这片宁静土地，始终叫作湖南。

四

我出生在湖南省中南部的祁东县，是一个土生土长的湖南人。

从湖南地图上看我的家乡所在地，正在湖南人头像的咽喉位置。那里是湖南常见的丘陵地貌，由山地、田土、池塘组成一片人居的空间，祖辈世代耕种其中。

通过家谱我得以知道，徐家先祖出自陇西（甘肃）大彭郡。元朝初年，迁徙到江西定居；其后一支自江西迁到湖南茶陵。明洪武初年，其中一支再由湖南茶陵秩堂迁居衡州祁邑土桥。民国衡阳保卫战期间，祁邑土桥祖房被日军烧毁殆尽。为避遭战火，姥姥寻求保护，追随她的外家人，携带爷爷三兄弟从祁东风石堰镇徐家大屋迁居白地市镇洪塘冲，自此长期定居下来。

洪塘冲丘陵起伏，地不高，田不多，路少通。这里村民夏季常为稻田争水而打架。我的父亲青年时代拜师习武，力能扛鼎，势能拔山，平日爱好主持公道、打抱不平，因此凡有村民打架、讲理之事，他一出面总能摆平。

1992 年，父亲从深圳回乡，不想再外出闯荡，便规划在老家做养猪专业户。他上山砍树，挖土烧砖，动手建筑了数间能养一百多头猪的大屋场，然后买小猪，买饲料，学技术，快刀斩乱麻干了起来。

因我家新房修建在丘陵斜坡的平地上，上坡尚有一百多米的土路，雨水冲刷出坑洼，土路难于行车。父亲经常在晚上十点后装车运回饲料，卸在村里的晒谷坪上，喊我跟他一麻袋一麻袋抬回家。二百斤一麻袋的颗粒玉米包，沉如铁石，父亲操一根碗口粗的树棒放到我的肩头，我在前，父亲在后，一步一步，抬着麻袋双脚爬坡。等十多麻袋玉米颗粒抬完，一般已是深夜十二点，我的肩膀也压得红肿起来，火辣辣地生疼。

若碰上雨后湿滑，车已不能在油亮的土路上开进，又或者父亲只买了几包做配料的米糠，专门请车运费划不来，情况会更加糟糕，我得跟着他到一公里开外的叫三王头的地方，一次两袋，用扁担肩挑回来。

我青少年时代偏高偏瘦，体格不擅肩挑，只能咬紧牙关跟着父亲干。至今回想起跟父亲搬运饲料的经历，仍感到肩头隐隐作痛。湖南人的霸蛮，大概就是在这种生存环境里天然磨炼而成的吧。

我四十三岁那年，父亲因胃癌去世了。

爷爷和父亲是一辈子没有怕字的人。爷爷一不信神，二不信鬼。他生前常说一句话：“人死如泥。”父亲受爷爷影响至深。父亲在生时经常跟我说：“我将来要是死在了哪里，你直接把我埋在那里就是了。”

父亲的这些话，都是在他身强体壮、力气大得能打死牛的时候说的。胃癌是一种痛入骨髓的病，父亲去世前最后几天，也没能抵得过那种疼痛。当身体虚弱到不能自持之时，他健旺的精气神消失了，眼神流露出对死亡的某种恐惧。这让我再不相信世上还有绝对胆大之人。父亲这种胆大包天的人，一生不信神、不信鬼、不怕死，最后一刻居然也会害怕。

我相信再霸蛮、再不怕死的人，也还是有所畏惧的。信神、信鬼固然是迷信，但聪明才智高于我们的先秦诸子（如墨子），为什么也对鬼神津津乐道？沈从文在《长河·地与人》一文中，以切身的生活感受，摊开了几千年的古人以善意谎言来设置“鬼神”生活的底牌：

> “一切生活都混合经验与迷信，因此单独凭经验可望得到的进步，无迷信掺杂其间，便不容易接受。但同类迷信，在农家妇女也有一点好处，即是把生活装点得不十分枯燥，青春期女性神经病即较少。不论他们过的日子如何平凡而单纯，在生命中依然有一种幻异情感，或凭传说故事，引导到一个美丽而温柔仙境里去，或信天委命，来抵抗种种不幸。迷信另外一种形式，表现于行为，如敬神演戏，朝山拜佛，对于大多数女子，更可排泄她们蕴蓄被压抑的情感，转换一年到头的疲劳，尤其见得重要而必需。”

是人终归都有一死，七尺血肉之躯，最后归于方盒，一抔黄土。问题不在于人必会死，而在于活着时如何准备应对死亡：到底应该是在明明白白的清醒的无比失落跟痛苦中死去，还是可以在自弃其智的稀里糊涂的快乐跟安详中睡过去？

科学理性追求将一切都搞得明明白白，将人的精神空间越来越压缩得无限逼仄。殊不知，今人过分迷信人的逻辑理性，尤其迷信所有人凭理性都可以达到文化专家的高度，似乎也有点走过了头。孔夫子当年说“唯上智与下愚不移”，这话固然不对。但人有学而知之者、有学而不知者，却是生活事实。一个最基本的事实就是，即使今天已经普及了全民九年义务教育，仍存在六成左右的学生无法再去读高中。“中人以上可以语道，中人以下不可以语道也。”各人天资有别，擅长的能力不一样。多数人弄不懂道，也不想弄懂，他们只需要简单而明快地生活，至少直到沈从文生活的时代，还是如此。

孔夫子说：“未知生，焉知死？”从“人必有死”这一点反向追问“人应该如何活”，是一个重要的文化命题，也是一个重大的哲学话题。

我们创作文化作品最根本的价值，在于提升人活着时的幸福感，让人行有所范，心有所归。如果生存大于一切，幸福感可有可无，精神价值无关轻重，则社会只需有科学理论跟理工技术便已足够，文化作品变得完全多余。

五

中国人素来视文化为生命，他们讲求慎终追远。

我的父亲在世之时，死亡对我一直还只是一个名词；但父亲去世之后，死亡于我已是生命体验。

在邵阳洞口县参观几处祠堂时，我发现古祠堂均有一个共同的特点：祠堂的正前方，供奉列祖列宗的牌位；列祖列宗的对面，是供娱乐的戏台。

简洁明快的设置，其实隐含哀、乐人生的缩影。慎终追远是严肃的、紧张的，戏台则是生动的、活泼的。前者令人心生庄严、感到沉重，后者予人轻松喜感，舒畅开怀。可见哀、乐并存是人生常态，是生命的必需，二者缺一不可。

在祠堂内安静发呆，稍加联想，我便有些发现。

我脚下所站立的这块地方，曾经站过多少不同时代的人！第一代人死了，然后化身牌位；第二代人跪在这里慎终追远，他们组织族人，经过一番庄严、沉重的追念之后，后人纷纷站起来，转身看戏台表演。戏台故事一定很精彩，而且多有“欲知后事如何，且听下回分解”式的章回体悬念，底下一大家子人听得窃窃谈论，前俯后仰。他们一颦一笑，一惊一乍，空气里洋溢的全是喜感跟开怀的味道。若干年后，他们劳累一生，历经苦乐年华，陆续老去，直到全部死了，跟着祖宗化身牌位。第三代又来了，他们继续先祭祖，再看戏，年年岁岁，从不间断。然后，他们也陆续老了，也都陆续死了，跟着第二代列入牌位。第四代又来继续开启苦乐人生。不管世界如何沧桑改变，战争、灾荒、改朝换代，家族始终如一，香火袅袅不绝。然后，不知不觉间，就到了我们。

我们是现今正生活在跟祖先同一片土地上的人。今天去到任何一家祠堂，所能看到的没有他们，只有我们。“前不见古人，后不见来者；念天地之悠悠，独怆然而涕下”，这不是陈子昂个人的生命体验，是每个人一生都必然遭遇的生命经验，只是他说出来了而已。

站在当下瞻前：所有前人的肉身，已经随时间消散而回归土地；他们的法身，或存在于家族私密的族谱，或遍见于广泛流传的史籍、文章；他们的化身，除了牌位，有些可能是山上一棵树，溪流一汪水，或者又是道旁路石——古人相信“万物有灵”。

我们推测那些属于未来的人们，有的正在降生，有的在我们再也看不到的时间里才降生。我们只能看见我们现在所看到与能看到的这些我们，所以我们以为我们就是中心。我们可以随时议论前人，猜测后人，而他们没法从地下爬起来，或者从未来穿梭回来跟我们对话，所以他们都是当下的配角，被排挤到舞台的边缘。

正如曾国藩在曾国荃打下南京后赠予他的对联所说的那样：“千秋

邈矣独留我。”清朝同治三年，那时我们全都一个还没有，他们也不知道后来会有我们，那时的湖南人以曾国荃为中心，他自己也认为是。数十年后，他成了牌位，千秋还在，他不在了。

可以想见，数十年后，那些正在降生与在我们再也看不到的时间里才降生的人们，他们将会站到我们今天的方位，过着他们是中心跟主角的日子，就像我们现在这样。至于我们自己，则跟我们现在随心议论的祖先牌位一样，留下一片化身。当我们成了边缘配角，那时的人们或者还不一定知道有过我们。

一代一代人的生命历程，大概就是这样。

两千年前，孔夫子站在黄河边上感叹：“逝者如斯夫，不舍昼夜。”黄河水流过去了，就没有了，但黄河的河道却一直停驻在那儿，不增不减，不垢不净，不生不灭。类比去看，湖南人的生命，像湘江水流，湖湘文化是湘江河道。

每一代人的生活都需要文化，就像每一年的湘江水流都需要湘江河道。唯愿这册用双脚步行、凭头脑独立思考而成的书，是构筑湘江河道的一方泥土、一块石头。

2020 年 12 月 19 日